NOTICE

HISTORIQUE ET SCIENTIFIQUE

SUR LES

EAUX D'ENGHIEN

RENFERMANT

les rapports du P. Cotte en 1766, de Lévoillard en 1771,
de la Faculté de Médecine en 1774,
de l'Académie de Médecine
en 1855, 1863 et
1872,
et la Notice médicale de M. le Dr Desnos

PUBLIÉE PAR

LA DIRECTION DES THERMES D'ENGHIEN

PARIS

TYPOGRAPHIE C. MOTTEROZ
31, RUE DU DRAGON, 31

1876

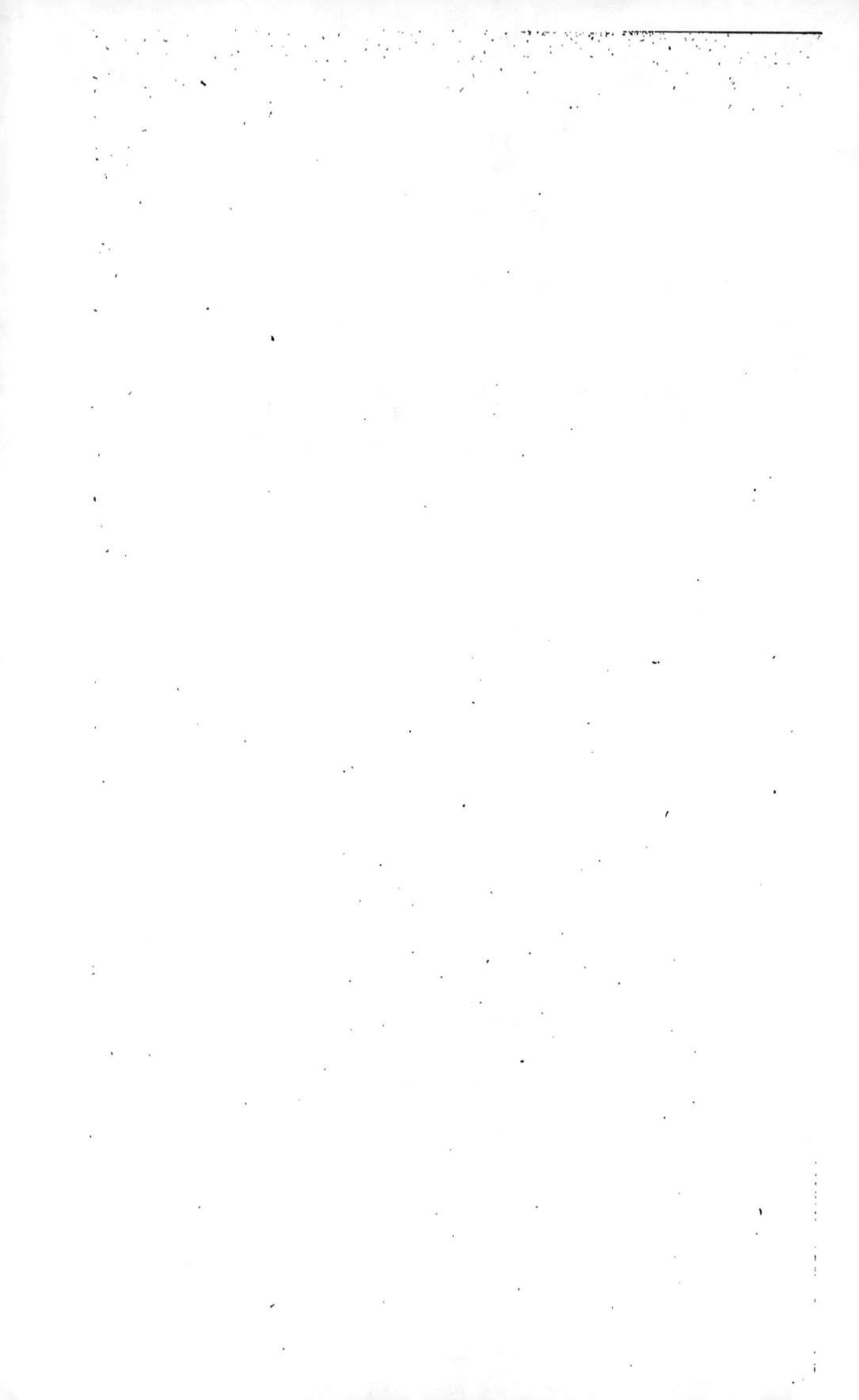

La Notice que la direction des eaux thermales d'Enghien adresse au monde médical et aux malades ne contient que des documents authentiques puisés aux sources les plus autorisées. C'est l'histoire de la découverte des eaux d'Enghien et de ses vertus curatives écrite par des savants chargés *officiellement* d'en rendre. compte soit à l'Académie des sciences, soit à l'Académie de médecine.

Il n'y a donc ici ni exagération ni réclame. Ce n'est pas un recueil d'articles arrachés à la complaisance d'hommes compétents, c'est un livre de bonne foi et d'impartialité, signé par des chimistes et des médecins célèbres à la recherche de la vérité.

NOTICE HISTORIQUE ET SCIENTIFIQUE

SUR LES

EAUX D'ENGHIEN

~~~~~~~~~~~~~~~~~~~

I

Un des plus laborieux physiciens du dix-huitième siècle, mort curé de Montmorency en 1815, Louis Cotte, découvrit, en 1766, les eaux d'Enghien, auxquelles, dans un premier enthousiasme, il attribua des vertus qu'elles ne possèdent pas. Son Mémoire, lu à l'Académie des sciences (Savants étrangers, t. VI, 1774), *sur une nouvelle eau minérale sulfureuse découverte dans la vallée de Montmorency*, est néanmoins du plus grand intérêt, parce qu'il précise bien les faits qui ont précédé la découverte, et qu'il donne sur l'état des lieux des renseignements authentiques qu'on ne saurait trouver ailleurs.

Mémoire sur une nouvelle eau minérale sulfureuse découverte dans la vallée de Montmorenci, près Paris, en 1766, par le P. Cotte, prêtre de l'Oratoire, correspondant de l'Académie.

Personne n'ignore les avantages que l'on peut tirer des eaux minérales : si mes vœux et les conjectures d'un illustre Académicien sont fondés, j'en indiquerai au public de nouvelles, et qui seront d'autant plus précieuses, que leur situation mettrait les habitants de la capitale à portée d'en jouir à peu de frais, et d'une manière plus utile que celles qu'on fait venir de bien loin ; car on sait que les eaux minérales, et surtout les eaux sulfureuses, perdent beaucoup par le transport.

Au milieu de la vallée de Montmorenci, entre Saint-Gratien, village appartenant autrefois au maréchal de Catinat, et la terre de M. d'Ormesson, est une grande pièce d'eau, appelée : étang de Montmorenci ; cet étang a pour décharge un massif de pierre bâti sur pilotis : c'est d'entre les pièces de bois du pilotis que sort le ruisseau d'eau minérale dont je vais parler, et qui s'appelle dans le pays, ruisseau puant.

J'avois d'abord cru qu'il était formé par l'eau de l'étang, que je supposois devoir se filtrer à travers un terrain sulfureux (1) : mais j'ai remarqué que,

(1) On voit quelque chose de semblable à Chantilly ; il y a, au-dessous du grand réservoir, un bassin d'eau jaunâtre qui semble tirer son origine de celle qui se trouve dans le réservoir.

lorsque l'étang était à sec, notre ruisseau ne tarissoit pas; ainsi je conjecture qu'il prend sa source ou sous l'étang, ou bien sous le massif de pierre dont je viens de parler; ce ruisseau n'a que deux pieds de largeur, il a un cours d'environ 40 ou 50 toises.

Son eau se mêle ensuite avec celle d'un autre ruisseau, formé par l'étang à la chute d'un moulin. L'eau du ruisseau puant, après son mélange, conserve encore sa couleur particulière dans l'espace de 4 ou 5 toises; les pièces de bois entre lesquelles elle sort, sont enduites d'une cristallisation saline, qui, mise sur la langue, paraît être d'une acidité surprenante.

Ce qui me frappa d'abord dans cette eau, ce fut son odeur fétide qui se fait sentir à plus de cent pas à la ronde, sa couleur bleuâtre, et celle des pierres qui se trouvent dans le ruisseau, et qui sont toutes de couleur noire ou violette, excepté celles qui se trouvent près de la source, et qui sont jaunes : mais je fus bien plus surpris, lorsqu'après y avoir plongé de l'argent, je le vis aussitôt changer de couleur; cette première expérience me fit naître l'idée d'y plonger différents métaux; voici le résultat de mes essais : l'or et le cuivre y rougissent, mais l'or beaucoup plus que le cuivre; le fer y noircit, le plomb et l'étain n'y changent point de couleur; mais l'argent est celui des métaux sur lequel cette eau a plus de prise; un écu que j'y plongeai, commença à se teindre d'une couleur jaune, qui devint ensuite de plus en plus foncée, et enfin d'un bleu noirâtre; comme s'il eût passé par le feu; ces effets ont lieu, plus faiblement à la vérité, même après le mélange du ruisseau puant, avec l'eau de l'étang. J'ai remarqué que la vapeur de l'eau était plus active que l'eau même : car une pièce d'argent placée sur le goulot d'une bouteille pleine de cette eau, prit une couleur jaune en moins d'une minute; après avoir rempli à moitié de cette eau un gobelet d'argent, la partie supérieure à la surface de l'eau devint jaune en fort peu de temps; de sorte que le gobelet sembloit avoir été doré. La vapeur qui s'en exhale est aussi très-pernicieuse aux animaux, quoique l'eau même ne leur soit pas nuisible (1) : une grosse chenille de bouillon-blanc que j'avais exposée à la vapeur de l'eau, est morte en vingt minutes avec des violentes agitations; et j'ai éprouvé que les chiens buvaient de cette eau sans aucune répugnance. J'observai aussi que l'eau qui paraît très-limpide dans les bouteilles, se décharge après un certain temps d'une matière bleuâtre, qui forme une pellicule sur la surface; l'eau n'a plus alors d'odeur, mais si on remêle exactement ce dépôt en agitant la bouteille, toute la mauvaise odeur revient : cette eau ne dissout point le savon, et ne produit aucun effet sur le papier bleu.

Ces différentes expériences piquèrent ma curiosité; ne pouvant deviner le secret de la nature, j'eus recours à M. l'abbé Nollet, qui se fait un plaisir d'aider de ses lumières ceux qui témoignent avoir du goût pour la physique; je lui fis part de ma découverte avec ses circonstances : ce savant physicien eut la bonté de communiquer ma lettre à l'Académie des

---

(1) Les canards vivent très-volontiers dans cette eau et les poules en boivent ordinairement; mais il est bon de remarquer que, dans la plupart de leurs œufs, le jaune se trouve noir et comme corrompu; si l'on fait couver ces œufs, on n'en voit rien éclore.

sciences, qui s'occupe de tout ce qui peut être utile
à la société. L'Académie jugea ma lettre digne de
son attention, et arrêta que j'enverrais quelques bouteilles de cette eau à M. Macquer, l'un des chimistes
de l'Académie. Pour me conformer à l'arrêté de
l'Académie, j'envoyai à M. Macquer quatre bouteilles
de notre eau bien bouchées, parceque j'avois remarqué que son odeur se dissipoit facilement. A la ré-
ception de ces bouteilles, M. Macquer ne trouva
point l'eau parfaitement claire, parce qu'elle avoit
commencé à déposer pendant le transport : il remarqua en effet un petit dépôt autour des bouteilles,
mais trop peu considérable pour pouvoir être recueilli
et examiné; malgré cela l'odeur de l'eau lui parut
très-forte et très-fétide, et il la compara à celle du
foie de soufre, et non pas à l'odeur d'une matière
végétale et animale en putréfaction, comme je l'avais
d'abord conjecturé.

M. Macquer fit sur cette eau plusieurs expériences
et observations que je ne ferai qu'indiquer, ren-
voyant au Mémoire qu'il a lu à l'Académie, et dont
on peut voir le précis dans l'histoire de l'Académie,
année 1766, page 38.

Cet Académicien remarqua que l'eau de Montmorenci ne changeait pas la teinture de tournesol, et
qu'elle verdissait un peu celle du sirop violat, mais
très-foiblement et d'une manière presqu'insensible;
l'alkali fixe occasionna un léger précipité blanc; les
acides purs ne la troublèrent point, et développèrent
plutôt son odeur qu'ils ne la diminuèrent : mais les
dissolutions d'argent et de mercure y occasionnèrent
dès les premiers instants de leur mélange, un précipité brun-noirâtre fort abondant; et ce qui paraît
remarquable, c'est que l'eau a cessé d'avoir la

moindre odeur dès que ces précipités ont été formés
ce que M. Macquer croit n'avoir point encore ét
observé par aucun chimiste. J'ai répété cette expé
rience avec le même succès et la même surprise.

Tel est en abrégé le résultat des expériences d
M. Macquer; d'où il conclud « que l'eau dont i
« s'agit doit son odeur, non pas immédiatement
« des matières végétales et animales actuellemen
« en putréfaction, mais à une espèce de combinaiso
« sulfureuse, ou une sorte de foie de soufre terreu
« dont il y a lieu de croire qu'elle est chargée. »

1° Parce que l'odeur des substances en putréfaction
est entièrement différente de celle du foie de
soufre.

2° Parce que le mélange des acides fait cesser la
mauvaise odeur qu'exhalent les matières putréfiées,
tandis qu'au contraire il développe et augmente l'o-
deur du foie de soufre, comme il est arrivé à notre
eau.

3° Parce que l'eau qui a contracté une mauvaise
odeur par la présence des matières putrides qu'elle
contient, ne perd point son odeur, du moins en peu
de temps, par la seule exposition à l'air, ce qui a
lieu à l'égard de l'eau de Montmorenci, qui la perd
en moins de vingt-quatre heures : mais si on la
garde dans une bouteille bien bouchée, elle peut
conserver très-longtemps son odeur; c'est ce que
j'ai remarqué à l'égard d'une bouteille pleine de
cette eau que je gardai pendant deux mois sans que
son odeur fût diminuée : j'en ouvris une le 30 juillet 1770, que je gardois depuis le 18 août 1768, elle
était bien bouchée avec du liége et un morceau de
vessie, l'eau avoit perdu son odeur, mais elle avoit
déposé sur les parois de la bouteille une matière

jaunâtre qui était un véritable soufre; je remarquai
aussi des pellicules d'une matière blanchâtre qui
flottaient dans l'eau, je la filtrai au papier gris; je
fis sécher le dépôt au soleil, et j'y présentai le verre
ardent, la fumée exhaloit une légère odeur de soufre
et de corne brûlée; je goûtai de cette eau ainsi
filtrée, je ne lui trouvai aucun mauvais goût, seulement elle échauffa un peu ma langue et mon palais,
caractère des eaux sulfureuses.

4º Enfin l'effet que cette eau produit sur les dissolutions d'argent et de mercure, sur les métaux et
sur les animaux que sa vapeur fait mourir, ne laisse
plus lieu de douter qu'elle ne soit imprégnée d'une
petite quantité de foie de soufre.

Toutes ces expériences et ces observations, quoique
décisives, acquièrent encore un nouveau degré de
certitude par l'imitation que M. Macquer fit de cette
eau : il mit dans de l'eau de la Seine une dissolution
de foie de soufre terreux, faite par la chaux, dans la
proportion de quatre gouttes sur une pinte; cette
petite quantité a suffi pour donner à cette eau une
odeur toute semblable à celle de Montmorenci; elle
a précipité de même l'argent et le mercure en couleur grise-brune, mais un peu moins foncée; et ces
précipités ont détruit aussitôt l'odeur de l'eau
fétide artificielle, comme cela étoit arrivé à l'eau de
Montmorenci; l'ayant laissée de même exposée à
l'air pendant vingt-quatre heures, elle y a pareille-
ment perdu son odeur; enfin, ayant mêlé dans ces
deux eaux ainsi privées de leurs odeurs par l'exposition à l'air, les dissolutions d'argent et de mercure,
au lieu des précipités noirs, M. Macquer en a obtenu
de blancs, avec cette différence seulement, que celui
de l'eau artificielle tiroit un peu plus sur le gris que

l'autre. Après des preuves aussi palpables, M. Macquer pouvoit certainement assurer que l'eau de
Montmorenci baignoit un terrain sulfureux, mais il
se contenta de le soupçonner : il me fit l'honneur de
m'écrire pour me prier de faire fouiller et d'examiner
ce terrain, afin de m'en assurer; en conséquence, je
fis d'abord fouiller sur les bords du ruisseau, assez
près du massif de pierre dont j'ai parlé : mais je ne
trouvai d'un côté que de la glaise, et de l'autre qu'un
limon noir et fétide; je plongeai pendant quelques
secondes une pièce d'argent dans l'eau, entre les
pièces de bois d'où elle sort, et ayant remarqué que
l'effet que j'attendois, étoit beaucoup plus prompt que
dans les endroits du ruisseau plus éloignés, je ne
doutai plus que le soufre ne se trouvât dans la source
même. J'observai en effet que toutes les pierres et
le bois qui soutiennent le massif étoient teints d'une
couleur jaune, et qu'ils avoient une odeur qui tenoit
de celle du soufre, comme je m'en suis assuré ensuite. Je fis donc creuser et rétrécir un peu le lit du
ruisseau, pour donner plus de pente à l'eau, l'obliger
de couler avec plus de rapidité, et d'entraîner plus
facilement les matières qu'elle contenoit; je vis
aussitôt avec plaisir couler au milieu de l'eau qui
étoit fort limpide, de gros filets de matière jaune,
longs de trois ou quatre pouces, et larges de deux
dans le milieu, ce qui dura assez longtemps; ces
filets étoient accompagnés de grandes pellicules
blanches qui teignirent bientôt l'eau à quelques
pieds au-dessous où je l'avois arrêtée, et la rendirent
blanche comme de l'eau de savon : ayant fouillé
dans les angles qui forment les pièces de bois, j'en
tirai plusieurs fois plein la main de cette matière
jaune, et mes mains conservèrent pendant plus de

vingt-quatre heures l'odeur de soufre ou plutôt de
poudre à canon brûlée, quoique je les aie lavées
plusieurs fois et frottées avec de la mente aquati-
que; je détachai aussi une pierre enduite de cette
matière jaune : lorsqu'elle fut désséchée j'y présentai
le verre ardent, et j'en vis sortir aussitôt une fumée
épaisse qui exhaloit une forte odeur de soufre; je
fis la même chose sur le limon désséché, et j'obtins
le même résultat.

Je m'assurai encore d'une autre manière que le limon de ce ruisseau était véritablement sulfureux.
M. de Jussieu dit (1) « que pour s'assurer s'il y a du
soufre dans quelque matière, on ne sauroit mieux
faire que de la mettre en digestion dans de bon esprit
de vin, pour voir si l'on tirera quelque teinture ».
Après donc avoir laissé déssécher le limon, je le
broyai et le réduisis en une poudre impalpable, je
versai dessus l'esprit de vin rectifié, j'observai aussitôt un bouillonnement sans chaleur, et l'esprit de vin
prit une belle couleur verte : j'en fus d'autant plus
surpris, qu'ayant répété cette expérience quelques
jours après, l'esprit de vin parut jaune, mais
M. Macquer à qui j'avois envoyé l'esprit de vin vert,
me dit qu'il avoit déposé et qu'il étoit devenu jaune;
la variété de ces effets est due peut-être à quelque
matière étrangère qui se trouvoit dans le limon dont
je me servis pour faire la première expérience. Il ne
reste donc plus aucun doute sur la qualité de l'eau
de Montmorenci : M. Macquer l'a déterminée, et les
expériences que j'ai faites pour la constater, n'ont
servi qu'à me confirmer dans la conviction où j'étois,

(1) *Histoire des plantes qui naissent aux environs de
Paris*, 2ᵉ édition, tome I, préface.

d'après les expériences de ce savant chimiste, que notre eau étoit sulfureuse. Il paroît que le soufre n'est point en dissolution ; car l'enduit sulfureux que l'eau dépose sur les plantes et sur les pierres qui se trouvent dans le ruisseau, n'est qu'un amas de petites molécules qui craquent sous les dents.

Comme on ne peut trop multiplier les preuves, lorsqu'il s'agit d'une chose qui intéresse la santé des citoyens, je me suis appliqué à comparer l'eau de Montmorenci avec les autres eaux minérales sulfureuses qui se trouvent en Europe, et qui ont été examinées par plusieurs membres de l'Académie Royale des Sciences. J'ai fait sur notre eau à peu près les mêmes expériences que celles qui ont été faites sur ces eaux : voici le résultat :

1° J'avois remarqué que la vapeur de l'eau de Montmorenci étoit fort active, j'en attribuai la cause à la quantité de soufre qu'elle contenoit, et je la comparai avec ce ruisseau inflammable qui se trouve à cinq lieues de Bergerac (1), dont il est fait mention dans l'Histoire de l'Académie pour l'année 1741 (2). M. Raoul, conseiller au Parlement de Bordeaux, qui l'examina, dit qu'un voleur d'écrevisses, ayant plongé un flambeau dans les endroits creux dont ce ruisseau est parsemé, l'eau s'enflamma aussitôt au point que sa chemise en fut brûlée, effet que M. de Mairan, alors secrétaire de l'Académie, attribue au dépôt de quelque limon chargé d'une matière sulfureuse assez en mouvement pour s'exhaler au travers et au-dessus de l'eau, et pour y prendre feu à la moindre approche d'une flamme étrangère. De nouvelles observations

(1) Dans le haut Périgord.
(2) *Histoire de l'Académie*, 1741, p. 36, et 1764, p. 33.

faites en 1764, ont changé ce soupçon en certitude ; on a trouvé que toutes les eaux de ce canton avoient la même propriété, ce que l'on attribue aux mines de fer dont ce pays est plein, et qui procurent aux eaux qui y passent, des matières sulfureuses et inflammables qu'elles vont ensuite déposer dans le lit où elles coulent ; car il est certain par l'épreuve qu'on en a faite, que le terrain n'y contribue en rien : apparemment que l'eau de Montmorenci contient bien moins de soufre que celle de Bergerac ; car cette expérience répétée de plusieurs façons ne me fit rien voir de semblable (1).

2° Je comparai l'eau de Montmorenci aux eaux de Bourbonne-les-Bains (2) examinées en 1724 par M. du Fay (3) ; ces eaux ne diffèrent de celles de Montmorenci que par leur chaleur qui ne permet pas d'y tenir le doigt pendant quelques secondes ; à l'égard de la température de notre eau, elle m'a semblé plus froide que celle de l'étang qui est au-dessus. M. du Fay observe que l'eau chaude de Bourbonne-les-Bains, mise sur le feu, bout moins vite que l'eau commune, et que l'oseille perd sa couleur plus promptement dans l'eau commune que dans l'eau minérale. J'ai observé précisément les mêmes effets en soumettant l'eau de Montmorenci à la même épreuve ; et après l'ébullition elle fut couverte d'une pellicule luisante

---

(1) J'ai fait cette expérience pendant le jour ; mais je soupçonne que, si on la faisoit pendant la nuit, et dans un temps calme et chaud, on verroit la vapeur de l'eau s'enflammer, car cet effet a lieu à l'égard de toutes les eaux sulfureuses. Différentes circonstances ne m'ont point encore permis de l'éprouver, mais je me propose de le faire.

(2) Dans le Bassigni, en basse Champagne.

(3) *Histoire de l'Académie*, 1724, p. 47,

avec quelques légères couleurs d'iris, comme M. du Fay dit l'avoir remarqué à l'égard de l'eau qu'il examinoit. Les effets que l'eau de Montmorenci produit sur les métaux, sont les mêmes que ceux qui sont produits par les eaux de Bourbonne-les-Bains avec cette dif- férence, que l'argent terni par ces eaux, remis ensuite dans la boue jusqu'à ce qu'elle soit sèche, perd sa nouvelle couleur et reprend son premier blanc : j'ai observé un effet tout contraire dans l'eau de Mont- morenci ; l'argent terni mis dans la boue, y devient beaucoup plus noir ; les boues des eaux de Bour- bonne-les-Bains et celles de notre ruisseau étant échauffées, l'odeur sulfureuse augmente : dans les boues desséchées de Bourbonne-les-Bains on trouve des particules de fer qu'on sépare avec l'aimant ; dans celles de notre ruisseau je n'en ai pas trouvé un atôme, non plus que dans le précipité noir, formé par le mélange et la dissolution d'argent ; l'infusion de noix de galle n'a donné qu'une teinture légère à l'eau ; la dissolution de fer ne lui a pas donné sen- siblement un plus grand degré de chaleur qu'à l'eau commune.

M. du Fay conclud que l'eau de Bourbonne-les- Bains contient du fer et du soufre, mais un soufre très-volatil, puisqu'il ne se montre pas sous une forme manifeste : nous pouvons conclure aussi que l'eau de Montmorenci contient du soufre sans fer ; car le mélange du fer est vraisemblablement ce qui produit la chaleur des eaux de Bourbonne-les-Bains, et en général de toutes les eaux naturellement chaudes ; on sait que M. Lemeri (1) ayant pris des parties égales de limaille de fer et de soufre pulvé-

(1) *Mémoires de l'Académie*, 1700, p. 101, 2ᵉ édit.

risé dont il composa une pâte avec de l'eau, en fit
un petit Etna qui jetoit des flammes.

3º Les eaux de Vichy (1) examinées par M. Burlet
en 1707 (2) ne diffèrent de celles de Montmorenci que
par leur chaleur, occasionnée par le mélange de fer
que cet académicien y a découvert : il a observé
aussi que la dissolution d'alun la faisoit fermenter
considérablement, ce qui n'a pas lieu à l'égard de
notre eau : les autres effets sont les mêmes.

4º Je ne vois pas de différence entre l'eau de Montmorenci et celle de St-Amand (3) examinées en 1743 (4)
par M. Morand ; même couleur, même odeur, mêmes
effets sur les métaux, sur le sirop violat, sur la couleur de tournesol, même goût ; l'eau de Montmorenci,
comme celle de St-Amand, picotte un peu la langue,
et cause dans la gorge une petite chaleur qui n'a
point de suite.

5º Enfin j'ai comparé l'eau de Montmorenci avec
les eaux de Baredge (5), examinées par M. Le Monnier
en 1747 (6) et avec celles de Balaruc (7), examinées
en 1752 (8) par M. le Roi, médecin à Montpellier, et
je trouve que les effets sont semblables, ce qui dé-
note une même cause : or, comme ces eaux, aussi
bien que celles dont j'ai parlé plus haut, sont recon-
nues pour sulfureuses par tous les médecins (9), il

---

(1) Dans le haut Bourbonnais.
(2) *Mémoires de l'Académie,* 1707, p. 98.
(3) En Flandre.
(4) *Mémoires de l'Académie,* 1743, p. 31.
(5) Dans le Bigorre, en Gascogne.
(6) *Mémoires de l'Académie,* 1747, p. 259.
(7) Dans le diocèse de Montpellier.
(8) *Mémoires de l'Académie,* 1752, p. 625.
(9) Dans la comparaison que je fais de ces eaux avec celles

s'en suit que l'eau de Montmorenci est aussi une eau minérale sulfureuse, et qu'il ne reste plus qu'à en faire des essais dans les maladies de poitrine et de la peau.

Je finirai en disant un mot de la cause qui peut avoir donné lieu à la production du soufre dans l'endroit où se trouve le ruisseau dont je viens de parler.

Comme je ne connaissois pas l'odeur du foie de soufre lorsque je commençai à examiner l'eau de Montmorenci, j'avois soupçonné que sa mauvaise odeur provenoit uniquement de la putréfaction des poissons morts et des herbes de l'étang, que je supposois devoir se déposer dans l'endroit où notre ruisseau prend sa source : mais les expériences de M. Macquer m'ont fait connoître une seconde cause à laquelle je n'avois pas pensé : cet Académicien croit non seulement que la putréfaction des matières végétales et animales est la cause première de la mauvaise odeur de cette eau, mais il regarde encore comme presque certain, que le soufre même qui se produit habituellement dans l'intérieur de la terre, ne tient son principe inflammable, et par conséquent son odeur, que des matières végétales et animales décomposées, dont le phlogistique se combine avec l'acide vitriolique qu'il rencontre ; il est prouvé par l'observation, qu'il se produit du soufre de cette manière dans les fosses d'aisances. M. Macquer et M. l'abbé Nollet rendirent compte à l'Académie, il y a quelques années (1), de l'état de plusieurs assiettes

de Montmorenci, je ne considère que leur qualité sulfureuse, abstraction faite des autres propriétés particulières qu'elles peuvent avoir.

(1) *Histoire de l'Académie*, 1764, p. 35.

d'argent de la vaisselle du Roi, qui avoient séjourné pendant longtemps dans les fosses d'aisances du château de Compiègne, et qui se sont trouvées réduites en partie dans l'état de mine, par l'union du métal avec du soufre formé de cette manière. Tel est aussi le fait rapporté dans l'Histoire de l'Académie, pour l'année 1757 (1) : un maître-maçon ayant visité une fosse d'aisance, dont on soupçonnoit le conduit engorgé, fit l'ouverture de la fosse, et aussitôt qu'il en eut dégradé la pierre couverte d'un enduit aussi épais que le petit doigt, d'une matière très blanche et sulfureuse qui prenoit feu dès qu'on en approchoit une lumière, et même par le simple frottement, il vit sortir tout autour des bords de cette pierre une flamme bleue, sans que la lumière qui éclairait les ouvriers, éloignée de près de cinq pieds, ait pu y contribuer ; la cavité étoit remplie d'une vapeur très-épaisse, et il en sortoit une odeur très-pénétrante; un morceau de papier allumé qu'il y jeta, enflamma la vapeur qu'elle renfermoit, et il en sortit une flamme d'un très beau bleu qui monta jusqu'à 18 pieds; elle répandit une forte odeur de soufre. L'Histoire de 1711 (2) fait mention d'un pareil phénomène : vingt ouvriers perdirent la vue par une vapeur fort pénétrante qui s'éleva d'une fosse qu'ils débouchoient. Il est donc probable que le dépôt des matières végétales et animales putréfiées, formé par les eaux de l'étang de Montmorenci, est la cause première de l'odeur de soufre qu'exhale notre ruisseau : mais ne contient-elle précisément que du soufre ? C'est ce que je n'oserais prononcer. « La nature est trop

---

(1) Voy. *Histoire de l'Académie*, année 1757, p. 25.
(2) *Ibid.*, année 1711, p. 36.

cachée dans ses opérations, dit M. Boulduc (1) en
parlant des eaux de Forges (2), les proportions et les
combinaisons des matières qu'elle emploie sont si
variées, que sans un travail assidu, suivi et répété,
et mêmes par des voies différentes, il est presque
impossible de parvenir à les connoître. Il nous suffit
d'être certain, d'un côté, que la partie sulfureuse
domine dans notre eau, et de l'autre, qu'elle ne contient aucune matière pernicieuse (comme j'ai tâche
de le prouver dans ce Mémoire), pour y prendre confiance, et l'appliquer avec succès dans les maladies
où l'on a reconnu les bons effets de cette espèce
d'eau minérale (3).

(1) *Mémoires de l'Académie,* année 1725, p. 443.
(2) Dans la haute Normandie.
(3) M. Marcgraf, dans ses *Opuscules chimiques,* tome II,
publiés en 1767, parle d'une eau dont il a fait l'analyse, et qui
paroît avoir les mêmes propriétés que celle de Montmorenci :
c'est celle de Radisfurt, près de Carlsbad, en Bohême. Cette
eau, dit cet habile chimiste, avoit une odeur putride et sulfureuse, à peu près comme le foie de soufre; son goût était
acidulé; l'analyse qu'il fit de 48 onces de cette eau lui donna
12 grains de sel alkali natif, 15 grains de sel de Glauber, et
7 grains de terre calcaire, avec l'esprit volatil mêlé avec l'eau;
il n'y trouva que très-peu de fer.

II

L'analyse faite par Macquer, docteur-régent de la Faculté de médecine de Paris, professeur de pharmacie et membre de l'Académie des sciences, à laquelle le P. Cotte fait de nombreux emprunts dans le *Mémoire* qui précède, attira l'attention du chimiste Le Veillard, qui lut, en 1771, à l'Académie (Savants étrangers, t. IX, 1780), un Mémoire intitulé : *Analyse des eaux de la fontaine de Montmorency*. Voici ce Mémoire intéressant à plus d'un titre :

Analyse des eaux de la fontaine de Montmorenci, présentée, le 7 août 1771, par M. Le Veillard (1).

M. Macquer a déjà fait un léger examen de ces eaux (2) ; mais ses occupations importantes et multipliées l'ayant empêché de lui donner l'étendue dont il le croyoit susceptible, il m'a lui-même en-

(1) Académie des sciences, Savants étrangers, t. IX.
(2) Le P. Cotte, de l'Oratoire, correspondant de l'Académie, est celui qui les a fait connoître le premier.

gagé à l'entreprendre, et c'est le résultat de ce travail dont je vais avoir l'honneur de vous rendre compte.

La digue de l'étang de S. Gratien, près de Mont-morenci, est fort longue et percée de deux arches édifiées sur des massifs de pierre de taille, qui se terminent en glacis du côté opposé à l'étang ; l'objet de ces arches est de permettre l'écoulement du trop plein.

Plusieurs sources sulphureuses se trouvent le long de la digue ; mais au bas des arches, à l'extrémité du massif de pierre de taille sur lequel elles sont fondées, de dessous son glacis, et entre les pilotis sur lesquels il est établi, sourcille la plus considérable, celle dont je me propose de donner ici l'analyse ; son odeur de foie de soufre se fait sentir de très-loin ; la surface de l'eau et les différentes matières sur lesquelles elle coule sont blanchies par le dépôt sulphureux qu'elle donne, dont une partie surnage et l'autre se précipite ; en plusieurs endroits, ce dépôt prend diverses couleurs, on voit des pierres et des feuilles colorées du plus beau violet, de jaune et de vert ; mais ces couleurs ne sont que la superficie du dépôt ; le dessous est d'un noir très-foncé.

Cette source est abondante, elle coule dans un lit large d'environ deux pieds, et va se jeter assez près de son origine dans le ruisseau qui sort de l'étang au-dessous d'un moulin ; je n'ai trouvé d'autre plante dans tout son cours que des joncs, et je n'y ai vu d'animal vivant que le ver à queue de souris ; cependant des grenouilles que j'y ai plongées et tenues assez longtemps, n'ont donné aucun signe de souffrance.

A l'endroit où l'eau sourcille, on aperçoit au côté des pilotis qu'elle baigne, une matière saline grimpante et comme efflorescente, dont le goût est sensiblement acide et vitriolique.

D'après cet exposé, trois choses paraissent importantes à examiner, l'eau, le sel grimpant et le dépôt.

ANALYSE DE L'EAU

Le baromètre étant à 28 pouces, une ligne, je plongeai deux thermomètres de Réaumur, l'un dans la fontaine, l'autre dans l'eau de l'étang, tous deux à 9 3/4 degrés au-dessus de zéro à l'air libre, celui de l'étang descendit à 9, et celui de la fontaine monta à 10 1/2 degrés au-dessus du zéro.

Le baromètre étant à 28 pouces demi-ligne, le thermomètre à 8 3/4 degrés au-dessus de zéro, les eaux à la même température, le grand aréomètre de M. de Parcieux est descendu dans l'eau distillée de six pouces 9 1/2 lignes, dans l'eau de Seine claire de six pouces et dans l'eau de Montmorenci de quatre pouces deux lignes et demie, et une bouteille contenant, pleine, une livre, 14 onces, 7 gros, 18 grains d'eau distillée, et une livre 14 onces, 7 gros, 33 grains d'eau de Seine claire, contenoit de celle de Montmorenci une livre, 14 onces, 7 gros, 49 grains.

Je remplis de cette eau une bouteille contenant environ 14 pintes, j'en vidai le goulot auquel j'attachai une vessie vide et mouillée; l'eau agitée y produisit un gonflement très-sensible.

Quelques gouttes d'esprit de nitre versées dans l'eau, ont sensiblement augmenté son odeur de foie de soufre; la teinture de noix de galle et le foie de soufre n'ont produit aucun effet, l'esprit de vin a diminué l'odeur de foie de soufre.

La liqueur colorante du bleu de Prusse a d'abord jauni l'eau, mais cette couleur s'est dissipée.

La teinture de tournesol a légèrement rougi.

L'alkali fixe a produit sur-le-champ une couleur brune, et la liqueur s'est troublée.

L'alkali volatile par l'alkali fixe, a fait un précipité blanc très-léger; mais celui par la chaux n'a produit aucun effet.

La dissolution d'argent, celle de mercure, le vinaigre de Saturne, une solution de vitriol vert, les nouvelles eaux de Passy, ont été sur-le-champ précipités en noir très-foncé; il est bon de remarquer que la solution de vitriol martial, si on en verse une très-grande quantité, noircit bien d'abord, mais qu'elle jaunit ensuite, vraisemblablement, parce que l'acide surabondant du vitriol est alors en assez grande quantité pour dissoudre la partie martiale colorée d'abord par la vapeur de foie de soufre; et ce sentiment est d'autant plus probable, que la liqueur redevient noire si on la surcharge d'une dose considérable d'eau de la fontaine.

Tous ces différents mélanges ayant été faits à la fontaine, je voulus voir combien de tems l'eau pouvoit conserver sa vapeur de foie de soufre; pour cet effet, j'en mis dans différentes bouteilles bien bouchées, excepté une que je laissai exprès sans bouchon; je les exposai à l'air libre et au soleil, et j'en laissai à la cave quinze bouchées de même, excepté une, dans le dessein d'essayer chaque jour l'eau des bouteilles débouchées, et celle d'une des autres, jusqu'à ce que, tant à l'odorat qu'avec les différentes solutions métalliques, elle ne donnât aucun indice de foie de soufre.

Les observations suivantes sur le thermomètre et

le baromètre, ont été faites à deux heures après midi.

La bouteille débouchée et laissée à l'air libre, se troubla dès le lendemain, et ne redevint limpide que le quatrième jour, après avoir laissé tomber un dépôt légèrement coloré en brun, que divers essais me firent reconnaître pour une terre calcaire entièrement soluble avec effervescence dans les acides, trois pintes d'eau m'ont donné par la suite près d'un grain de dépôt semblable; en trois jours la même bouteille avoit perdu par degré son odeur et la faculté de teindre les solutions métalliques, celle d'argent fut la seule qu'elle colora légèrement en brun, et cette teinture même ne se fit appercevoir que le lendemain de l'infusion; le baromètre varia, pendant ces quatre jours, de 27 pouces, sept 3/4 lignes à 28 pouces, et le thermomètre de 20 3/4 degrés à 17 au-dessus de zéro.

Les bouteilles bouchées et laissées à l'air, restèrent limpides et conservèrent, tant à l'odorat, qu'avec les solutions métalliques, les propriétés du foie de soufre jusqu'au huitième jour qu'elles se troublèrent; elles déposèrent et s'éclaircirent le treizième, et ne teignirent plus dès le douzième; la hauteur du baromètre ayant été pendant cet intervalle, entre 27 pouces 5 3/4 lignes et 28 pouces 1 ligne, et celle du thermomètre entre 14 et 20 3/4 degrés au-dessus de zéro.

La bouteille débouchée et mise à la cave, se troubla dès le premier jour et déposa le cinquième; dès le quatrième, elle n'avoit plus d'odeur et ne teignoit plus les solutions métalliques; le thermomètre resta constamment dans cette cave pendant cette observation et la suivante à 11 degrés au-dessus de zéro.

Les bouteilles bouchées et déposées dans le même lieu, restèrent les mêmes pendant quinze jours, et comme il ne m'en restoit plus, il auroit fallu recommencer cette opération, si le hasard ne m'avoit pas fourni le moyen de la pousser beaucoup plus loin que je n'en avois eu l'intention. Je retrouvai dans une cave adjacente, où le thermomètre reste ordinairement l'été à 11 1/2 degrés, une quantité assez considérable de bouteilles de quatre pintes, puisées, suivant leur étiquette, neuf mois auparavant, et que j'avois oubliées; j'en essayai une, elle sentoit très-sensiblement le foie de soufre, et teignit fortement les solutions métalliques.

Enfin j'essayai de rendre la vapeur de foie de soufre à celle qui en avoit été dépouillée; je la fis bouillir longtemps avec son dépôt, mais sans succès.

L'eau privée de ses qualités sulphureuses donna avec l'huile de tartre par défaillance, un précipité blanc; avec l'alkali volatil par la chaux, un précipité blanc très-léger; avec celui par l'alkali fixé, un plus abondant, mais moins que celui par l'huile de tartre par défaillance; avec l'eau mercurielle, un précipité jaune; avec la solution de vitriol de Mars, un précipité jaunâtre; avec le vinaigre de Saturne, un précipité blanc très-abondant; et enfin avec la dissolution d'argent, une couleur d'opale qui se maintint très-longtems, et laissa tomber à la fin un dépôt ardoisé.

Je crus qu'il étoit aussi très-important d'examiner à quel point cette vapeur de foie de soufre étoit volatile, et si l'eau pourroit la conserver après qu'on lui auroit fait éprouver un degré de chaleur considérable, soit à l'air libre, soit dans les vaisseaux fermés.

Quatre livres d'eau après avoir bouilli pendant un demi-quart d'heure, conservèrent leur odeur de foie de soufre, et teignirent plus fortement les dissolutions métalliques que l'eau sortant de la fontaine.

Douze onces d'eau retirées par la dissolution de quatre livres d'eau sentoient le foie de soufre, et teignoient faiblement les dissolutions métalliques ; mais l'eau restée dans la cucurbite de l'alembic, a conservé l'odeur de foie de soufre, en a contracté une très-forte d'empireume, et a teint en noir les solutions métalliques plus fortement que l'eau sortant de la fontaine ; la distillation poussée jusqu'à ce qu'il ne restât dans l'alembic que le demi-quart de la liqueur, l'eau distillée n'a plus rien produit ; mais celle restée dans la cucurbite a donné les mêmes effets que la précédente. Il sembleroit, par cette expérience, que ces eaux contiennent du soufre en nature, au moyen duquel et à l'aide de la chaleur, il se forme un nouveau foie de soufre : mais on va voir que l'analyse n'en donne aucun indice, et d'ailleurs les acides n'y occasionnent aucun précipité. Quoi qu'il en soit, si la médecine jugeoit que les bains de cette eau pussent être salutairés, on sent combien seroit avantageuse cette propriété de conserver, et même d'avoir plus fortement, étant échauffée, la vapeur de foie de soufre.

Mais toutes ces différentes expériences, quoique propres à donner des notions utiles sur ces eaux, ne pouvant pas déterminer exactement et leur nature et la quantité de leurs principes, je fis évaporer à un feux doux, au bain de sable, dans plusieurs capsules de verre, 50 livres d'eau puisée dans le mois d'août, filtrée au papier Joseph, et dépouillée de son dépôt spontané pesant 15 grains : j'observai de faire évaporer mes capsules sans les remplir.

Quand la liqueur fut diminuée à peu près d'un quart, il se forma une légère pellicule à sa surface, et elle s'y maintint jusqu'à la fin, sans aucune autre circonstance remarquable.

Ayant rassemblé mes résidus, je trouvai qu'ils pesoient 4 gros 50 grains, ils étoient d'une couleur brune, ne donnoient aucune flamme sur les charbons ardents, et attiroient l'humidité de l'air : je les mis digérer à froid, pendant vingt-quatre heures, dans 4 onces d'eau distillée; je filtrai la liqueur et je versai sur ce qui n'avoit pas passé de nouvelle eau distillée; il resta sur le filtre 3 gros, 10 grains d'une matière qui, mise à bouillir dans une livre d'eau distillée que je filtrai, se réduisit à 2 gros, 46 grains; je versai de l'esprit de nitre sur le résidu, il se fit une forte effervescence, je continuai de verser de l'esprit de nitre à différents intervalles de temps, jusqu'à ce qu'il ne se fit plus d'effervescence; je filtrai, j'édulcorai, et il ne resta sur le filtre que 29 grains d'une matière saline, soyeuse, d'un blanc sale et presque sans saveur.

Je fis évaporer mes différentes solutions à part; la première me donna des cristaux distincts, mais embarrassés dans une matière glaireuse, jaunâtre et déliquescente; je parvins à les nettoyer avec l'esprit de vin rectifié; leur forme prismatique, allongée en colonne et striée dans leur longueur, les fit reconnaître pour du sel de Glauber. En effet, ils tombèrent en efflorescence à l'air; ils avoient un goût amer suivi de fraicheur; fondus dans l'eau distillée, ils ne donnèrent, avec l'huile de tartre par défaillance, qu'un précipité très-léger. J'en conclus que c'était

un sel de Glauber à base alcaline, et j'en obtins
36 grains.

La partie glaireuse n'avoit point été dissoute par
l'esprit de vin; j'en versai de nouveau à plusieurs
reprises, et je filtrai, je fis évaporer ce qui étoit
passé, rien ne crystallisa, le résidu pesant 13 grains,
avoit un goût salé très-piquant; quelques gouttes
d'huile de vitriol versées sur une partie excitèrent
des vapeurs blanches très-subtiles, semblables à
celles de l'esprit de sel fumant : comme le reste
altéroit fortement l'humidité, je les laissai tomber
en deliquium, et avec quelques gouttes d'huile de
tartre par défaillance il se fit un beau coagulum
blanc.

Toute la partie glaireuse étoit restée sur le filtre,
mais elle n'étoit pas encore pure; je la fis dissoudre
dans l'eau distillée, je filtrai de nouveau, et, par ce
moyen, je l'obtins toute seule; je la desséchai, elle
pesoit 8 grains, elle étoit jaunâtre, très-soluble dans
l'eau, en un mot, de véritable gomme. Nous verrons
par la suite, ce qui peut la former. Il resta sur le
filtre 39 grains d'une matière semblable à celle qui
n'avoit point été dissoute par l'acide nitreux, et j'eus
encore 36 grains d'une pareille substance, en faisant
évaporer ce qui avoit passé au travers du filtre après
la seconde infusion du résidu faite à l'eau bouillante.
J'examinai au microscope ces trois portions, et je
vis distinctement dans chacune un grand nombre de
crystaux prismatiques, coupés en biseau à leurs
extrémités, comme ceux d'une espèce de sélénite ;
j'en pris un tiers que je traitai avec de la poudre de
charbon et du sel de tartre dans un creuset bien
clos, poussé pendant quelques minutes à un feu de
fusion : triturée sur-le-champ, lavée et filtrée, elle

me donna, au moyen d'un acide, un lait de soufre et un précipité sulphureux. Je mis une autre partie dans un creuset avec du sel de tartre, je lutai, j'exposai le tout à un feu de fusion, et je me procurai, par les manipulations ordinaires, du tartre vitriolé : enfin l'alkali fixe versé sur une troisième partie, occasionna un précipité très-abondant, et la liqueur filtrée et évaporée laissa de beaux crystaux de tartre vitriolé; ayant bien lavé le précipité, je l'essayai avec l'acide vitriolique, qui fit d'abord une violente effervescence; mais une petite partie très-blanche resta au fond du vase, et l'effervescence cessa tout à fait, quoique la liqueur fût encore fortement acide; je la décantai, je lavai la poudre blanche, je versai dessus le nouvel acide vitriolique, et je fis chauffer ce mélange; l'acide parvint à dissoudre la terre en entier, sans faire d'effervescence, et quelques gouttes d'alkali fixe me donnèrent un précipité en flocons, comme celui de l'alun; il paroît donc que cette matière saline est en grande partie séléniteuse et un peu alumineuse.

Enfin l'esprit de nitre versé sur le résidu, après la seconde lotion, laissa précipiter, par le moyen d'un alkali fixe, 2 gros, 8 grains d'une terre calcaire.

On observa, en rassemblant le poids de toutes ces matières, que leur somme est moindre de 25 grains que celle du résidu, du total; mais il est impossible qu'il ne s'en perde pas une certaine quantité dans ces différentes manipulations, surtout dans les filtres, et d'ailleurs l'esprit de nitre employé pour dissoudre la terre du résidu quoique versé avec précaution, a dû emporter, par la solution, une partie séléniteuse, dont nous avons bien retrouvé la base par la précipitation, mais dont l'acide a été perdu.

L'acide du vinaigre, dont je me suis servi dans l'opération suivante, a le même inconvénient, et celui que j'ai versé sur le résidu dont je vais parler tout à l'heure, ainsi que l'esprit de nitre dont il vient d'être question, et qui avait été précipité, m'ont donné du turbite minéral avec l'eau mercurielle, et un précipité ardoisé avec la dissolution d'argent; il faut donc se servir de l'un et de l'autre avec précaution, et cesser de verser dès que l'effervescence n'a plus lieu; mais quelques ménagements qu'on emploie, ils dissolvent toujours un peu des sels séléniteux et alumineux.

Il résulte des produits énoncés ci-dessus, que deux livres ou à peu près une pinte, d'eau contiennent, sans compter la perte, environ 1 grain et demi de sel de Glauber, un demi-grain de sel marin à base terreuse, 4 gros de sélénite, une très-petite partie d'alún, et 6 gr. 19/10 de terre, y compris le dépôt spontané.

Tandis que je faisois l'évaporation précédente dans les vaisseaux ouverts, j'en fis une autre dans des alembics de verre pourvus de leur chapiteau, de 50 livres d'eau puisée le même jour que la précédente, filtrée et dépouillée de son dépôt spontané, en observant de ne point remplir les cucurbites; j'obtins un résidu très-blanc de 5 gros 64 grains, plus fort par conséquent d'un gros 14 grains que le précédent. On sera peut-être surpris de cette augmentation, il semble même d'abord que la différence d'un résidu à l'autre devrait être à l'avantage de celui qui s'est fait dans les vaisseaux ouverts, à cause des différentes matières que l'air contient; une grande partie, malgré les plus grands soins, tombe dans les capsules, et donne même aux résidus une couleur brune. MM. les Commissaires de la Faculté de Médecine pour l'examen des eaux de l'Ivette, avoient déjà remarqué ce phénomène, et d'ailleurs quelques réflexions pourront peut-être en faire soupçonner les causes.

Premièrement, l'agitation continuelle de l'air libre, qui fait office d'éponge à la surface de la liqueur, est bien capable de favoriser l'évaporation des parties demi-volatiles.

Secondement, il est certain que, dans la distillation, les substances volatiles en entraînent avec elles d'autres, qui seroient fixes et résisteroient à une chaleur très-violente ; nous le voyons dans la rectification des huiles, et la chymie en fournit beaucoup d'autres exemples : mais ces matières sont d'autant plus disposées à s'élever, que leur pesanteur spécifique est moindre relativement au fluide qu'elles ont à traverser ; ce fluide est l'air, et certainement celui que renferment les vaisseaux fermés est infiniment plus raréfié que l'air libre dont les capsules sont environnées ; les molécules perdant donc d'autant moins de leur poids, que le volume d'air qu'elles déplacent est moins pesant, trouvent beaucoup plus de facilité à s'élever dans l'air libre, que dans celui qu'elles rencontrent entre les cucurbites et le chapiteau de l'alembic.

J'ai répété sur le second résidu, les mêmes expériences que pour le premier, excepté qu'au lieu d'esprit de nitre, je me suis servi de vinaigre distillé, et j'ai trouvé les mêmes résultats, mais avec les différences suivantes pour les quantités.

Sel de Glauber, 10 grains ; sel marin déliquescent, 9 gr. ; gomme, 10 gr. ; sélénite mêlée d'une petite partie alumineuse, 2 gros, 64 gr. ; terre, 2 gros, 3 gr ;

perte 30 gr., ce qui fait, sans y comprendre la perte, pour deux livres ou environ une pinte d'eau, 2/5 gr. de sel de Glauber; 9/25 gr. de sel marin à base terreuse; 2/5 gr. de gomme, 8 gr. 8/25 de sel séléniteux et alumineux; et 6 gr. 12/25 de terre, en comptant le dépôt spontané.

Il est difficile d'expliquer pourquoi, malgré la quantité plus grande du second résidu, le sel de Glauber, le sel marin à base terreuse et la terre s'y trouvent cependant en moindre quantité, et pourquoi la sélénite y est plus abondante. Peut-être que l'évaporation à l'air libre altère et alkalise une partie de la terre, et la rendant propre à former du sel de Glauber, décompose, par son moyen, une partie de la sélénite, et la chaleur plus forte dans les vaisseaux fermés, peut enlever au sel marin déliquescent une partie de son acide; à la vérité, l'eau distillée n'en donne aucun indice; mais il serait difficile d'en obtenir de quelques grains noyés dans 50 livres d'eau.

Il est bon de remarquer ici, qu'en analysant une substance quelconque, et surtout des eaux minérales, il est nécessaire d'y procéder sans interruption, sans quoi les principes s'altèrent, se décomposent et donnent des produits tous différents de ceux qui existoient primordialement dans les corps analysés.

Quelque tems après les opérations dont j'ai parlé, ayant dessein de faire encore quelques expériences, je fis évaporer six livres d'eau dans une capsule de verre au bain de sable. Quand l'évaporation fut aux deux tiers, je fus très-étonné de voir une crystallisation rameuse grimper le long des parois de la capsule, et se propager jusqu'à sa surface convexe : je la recueillis avec grand soin, elle pesoit environ deux

grains, sa forme étoit en barbe de plume, comme
celle du sel ammoniac. Ces crystaux avaient la même
flexibilité que celle qu'on observe dans ceux de ce
sel, et qui fait qu'en les palpant, on croit prendre de
la cire; je versai sur une partie quelques gouttes
d'alkali fixe, et j'eus des vapeurs très-sensibles
d'esprit volatil. Je ne doutai plus que ce ne fut du
sel ammoniac : comme je n'en avois point trouvé
par l'analyse ci-dessus décrite, je crus que j'avois
mal fait mes opérations, et je résolus de recommencer. Comme je n'avois plus d'eau, que j'étois sur le
point de faire un voyage de quatre mois, je remis ce
travail à mon retour, et, dans le mois de juillet,
j'allai moi-même à la fontaine en puiser de nouvelle;
mais quelque moyen que j'employasse, malgré toute
l'assiduité, l'exactitude et la patience possible, je
n'obtins pas un atome de sel ammoniac : cependant
un résidu considérable distillé dans une cornue
avec de l'alcali fixe, produisit environ 1/2 gros de
liqueur, sentant fortement l'empyreume : j'y mêlai
quelques gouttes d'esprit de sel, qui ne firent point
d'effervescence; je fis évaporer, et le résidu sur
lequel je versai un peu d'alkali fixe, donna des vapeurs très-marquées d'esprit volatil de sel ammoniac.

A la fin, je me ressouvins que l'eau qui m'avoit
donné ce sel, avoit été puisée le 2 novembre, dans
un tems où la fontaine étoit remplie de feuilles, de
dépouilles d'insectes, et autres substances, tant végétales qu'animales : je soupçonnai que ces matières
macérées avoient bien pu donner lieu à la formation
dn sel ammoniac, et qu'elles étoient aussi en grande
partie cause de la partie gommeuse dont j'ai parlé.

Il fallut donc attendre l'automne : je fis évaporer

50 livres d'eau puisée le 23 novembre, je pris
5 grains du résidu sur lesquels je laissai tomber
deux gouttes d'alkali fixe, qui produisirent une odeur
d'alkali volatil très-marquée; je mis le reste dans
une cornue de verre bien lutée, je la plaçai dans un
fourneau de réverbère, et j'eus, par la sublimation,
3 à 4 grains de sel ammoniac. Ce produit est de
beaucoup moindre que celui que j'ai cité; mais on
conçoit que mille circonstances, la température de
l'air, l'abondance des substances étrangères dans la
fontaine, etc., doivent produire des variations qu'il
est impossible de calculer : de toutes les sublima-
mations que j'ai tentées, aucune n'a produit de
soufre.

EXAMEN DU SEL GRIMPANT

Ce sel est acide au goût, mais les morceaux
pourris des pilotis de chêne le long desquels il
grimpe et qu'il est aisé de détacher, ont une saveur
beaucoup plus acide et sensiblement vitriolique ;
quelques gouttes d'alkali fixe versées sur ce sel
recueilli en novembre, ont donné une très-légère
odeur comme d'empyreume; celui ramassé en été
n'a rien donné; l'un et l'autre ont rougi sur-le-champ
la teinture de tournesol; un gros de sel pris en
novembre, exposé dans une cornue à un degré de
chaleur convenable, n'a rien donné par la sublimation. Comme le feu pouvoit avoir causé quelque
altération, je pris un gros et demi de nouveau sel, je
le mis infuser à froid, pendant vingt-quatre heures dans
une once et demie d'eau distillée, je filtrai; 12 grains
s'étant dissous, quatre onces d'eau bouillante se

chargèrent encore de 7 gr.; je versai sur 1 gros 17 grains, qui me restoient, 2 onces de vinaigre distillé; et, après avoir filtré et édulcoré, je trouvai qu'il avoit dissous 4 gros 6 grains; je reconnus les 11 grains restants pour de la sélénite, au moyen des épreuves dont j'ai déjà parlé; je précipitai, par un alkali fixe, la partie dissoute par l'acide, et c'étoit de la terre calcaire; les 7 grains dont l'eau bouillante s'étoit chargée, étoient encore de la sélénite; enfin, en faisant crystalliser ce que l'infusion à l'eau froide avait dissous, j'obtins 4 gr. de sel de Glauber, 3 gr. de sélénite, et 2 1/2 gr. d'un sel très-acide en consistance de gelée, ayant la saveur de l'alun. Comme il m'étoit difficile de faire crystalliser une si petite quantité, vu la perte qu'occasionnent nécessairement les solutions, filtrations et même additions qu'on est obligé de faire, je mis à infuser et macérer une assez grande quantité de morceaux pourris des pilotis, qui, comme je l'ai déjà remarqué, ont une saveur vitriolique très-sensible; je filtrai, je n'obtins point de sel de Glauber, mais une quantité considérable de sel acide d'une consistance gélatineuse. J'employai différents mélanges, comme l'alkali fixe, la chaux, l'urine, etc., pour le faire crystalliser; le seul alkali volatil par la chaux me procure quelques crystaux peu réguliers, d'un goût absolument semblables à celui de l'alun, mais qui ne sont point boursouflés, comme lui, par la calcination.

Je fis calciner mon sel et l'essayai, mais sans succès, seul et avec les mêmes mélanges; cependant ce que j'avois traité sans mélange me donna des crystaux très-distincts de tartre vitriolé, vraisemblablement parce que la calcination avait alkalisé une partie de la matière extractive des pilotis.

Je pris donc le parti de décomposer mon sel par l'alkali fixe, il occasionna un précipité d'un blanc sale; je filtrai et lavai cette substance dans l'eau distillée, et je versai dessus quelques gouttes d'huile de vitriol, il se fit une effervescence qui cessa bientôt, et qui rendit le précipité du plus beau blanc, je le lavai de nouveau, je versai de nouvelle huile de vitriol, il ne se fit aucune effervescence; mais la dissolution se fit paisiblement à l'acide de la chaleur d'un bain de sable; j'obtins, par l'évaporation, de véritable alun, qui, fondu dans l'eau, donna, avec l'alkali fixe, un précipité en flocons.

D'un autre côté la liqueur filtrée, après avoir subi l'évaporation, laissa des crystaux de tartre vitriolé.

Ce sel est donc alumineux, et la première effervescence du précipité avec l'huile de vitriol, n'est due qu'à la terre calcaire, d'une partie séléniteuse, que l'alkali fixe avoit décomposé.

DÉPOT DE LA FONTAINE

Le dépôt desséché a une très-forte odeur de soufre; il prend feu sur les charbons ardens, donne une flamme bleue tirant sur le violet, accompagnée de vapeurs d'esprit volatil sulphureux: pris en été, quelques gouttes d'alkali fixe versées dessus n'y excitent aucune vapeur; mais recueilli en hiver, il donne, avec le même alkali fixe, une légère odeur d'esprit volatil de sel ammoniac.

Un gros et demi du dépôt d'été m'a donné, par la sublimation, six gr. de soufre; de la même quantité du dépôt d'hiver, 6 gr. 1/2 se sont sublimés. Ces produits essayés avec l'alkali fixe, le premier n'a rien donné ; des vapeurs très-sensibles d'esprit volatil de sel ammoniac, se sont élevées du second. J'ai lessivé ce dernier avec de l'eau distillée ; après avoir filtré et évaporé, il n'est resté dans la capsule qu'une tache saline dont je n'ai pu évaluer le poids ; mais elle m'a donné avec l'alkali fixe, les mêmes vapeurs que le produit dont je l'avois tirée.

Le dépôt d'été et celui d'hiver, après avoir subi la sublimation, m'ont donné, par différentes lotions, tant à l'eau froide qu'à l'eau bouillante, le premier 12 gr. de sélénite, le second 10 ; ensuite ayant versé sur chaque résidu de l'esprit de nitre, jusqu'à ce qu'il ne se fît plus d'effervescence, ayant filtré et édulcoré, je précipitai du premier 54, et du second 63 grains de terre absorbante : il resta sur le filtre du premier 29 gr. et 24 sur celui du second. Ayant répété sur cette dernière substance, et sur celles que m'avoient produites les lotions précédentes, les procédés que j'ai déjà cités, je les reconnus pour de la sélénite.

La proportion des produits du dépôt et du sel grimpant peut difficilement s'estimer, à cause des corps hétérogènes qui s'y trouvent nécessairement mêlés, quelque soin qu'on emplóie à les recueillir.

En faisant avec attention un travail de la nature de celui dont je viens d'avoir l'honneur de vous rendre compte, Messieurs, on tente nécessairement quantité d'expériences dont on ne retire aucun fruit. J'aurois peut-être dû les rapporter pour épargner à d'autres le dégoût d'un procédé inutile ; mais ce mémoire est déjà trop considérable, pour ne pas éviter tout ce qui peut faire longueur, et je n'ai presque fait mention que des procédés qui m'ont réussi. Il est très-possible qu'une main plus savante et plus adroite trouve, par la suite, dans ces eaux, des sub-

stances que mes lumières, trop faibles peut-être
pour venir à bout d'un pareil ouvrage, n'ont pas su
y découvrir. Je ne dis rien de leur vertu, il ne m'ap-
partient pas d'en décider, c'est aux juges en cette matière à prononcer à cet égard.

N. B. Environ un an après la lecture de ce Mémoire, j'ai fait nettoyer la fontaine d'Anguien, et
prendre la source de plus haut ; l'eau puisée à l'endroit où elle sourcille, et laissée dans un vase dé-
bouché, se trouble quelque temps après, comme elle
le faisait ci-devant ; mais elle se charge de plus d'une
pellicule jaunâtre, presque toute formée par du soufre,
et qui brûle comme lui ; le dépôt qui se précipite
ne paraît pas en contenir d'une manière sensible.
MM. les Commissaires de la Faculté de Médecine
chargés d'examiner cette fontaine sont les premiers
à qui cette expérience ait réussi. J'ai depuis obtenu
le même produit, et M. d'Eyeux a eu le même succès ;
enfin M. Roux a trouvé le moyen, à l'aide du beurre
d'arsenic, d'avoir pour précipité de véritable orpiment.

III

La Société royale de Médecine, remplacée aujourd'hui par l'Académie de Médecine, pressentant tout le bien qu'on pouvait tirer de ces eaux, se rendit compte de l'exactitude des observations déjà faites, et la Faculté ordonna à quatre de ses membres, Bellot, Bertrand, Roux et Darcet, de se rendre sur les lieux et de lui faire un rapport sur la composition de ces eaux, que le prince de Condé venait de concéder à Le Vieillard.

Voici le rapport des quatre commissaires :

Rapport fait par MM. les Commissaires nommés par la Faculté de Médecine pour l'examen des eaux d'Enghien, au-dessous de l'étang de Saint-Gratien.

Monsieur le Doyen, Messieurs,

Les eaux minérales ont de tout temps attiré l'attention des hommes, par les avantages qu'elles leur ont procurés dans une infinité de maux qui ne résistent que trop souvent à tous les autres secours que l'art emploie pour les combattre ; et les médecins de tous les siècles les ont regardées comme un des moyens les plus sûrs qu'ils pussent mettre en usage contre les maladies chroniques. Cette confiance s'est surtout accrue depuis que les lumières de la chimie et l'observation la plus scrupuleuse, nous ont éclairés sur leur nature et sur leurs effets. Les eaux qu'on a désignées par le nom d'*eaux sulfureuses*, ont été distinguées, avec raison, par leur efficacité contre les maladies les plus rebelles : aussi a-t-on vu dans tous les temps les hommes accourir des lieux les plus éloignés vers ces sortes de fontaines, qu'on regardoit dans les siècles de superstition et d'ignorance, comme le domicile de quelque divinité propice, en méconnoissant la main toute puissante qui a couvert ce globe de ses bienfaits.

La découverte d'une eau de cette espèce dans le voisinage de cette capitale, doit être regardée comme un bien d'autant plus précieux, que toutes celles que nous connoissons sont à une distance trop considérable, pour que les personnes d'une fortune bornée puissent soutenir les frais des voyages qu'il falloit entreprendre pour en jouir, et que par leur nature, elles souffrent difficilement le transport, et conservent encore plus difficilement leur vertu, lorsqu'on les garde quelque temps. Telle est l'eau qu'on vient de découvrir depuis quelques années au dessous de la digue de l'étang de Saint-Gratien, au midi d'Enghien, dans la vallée de Montmorency. Ces eaux, qui ont d'abord été examinées par le père *Cotte* (1), prêtre de la Congrégation de l'Oratoire, puis par M. *Macquer*, notre confrère; enfin, par M. *Le Veillard* (2), qui vient d'en obtenir la concession de

(1) Voyez ci-dessus page 8.
(2) Voyez ci-dessus page 23.

S. A. S. monseigneur le prince *de Condé:* ces eaux,
dis-je, commencent à attirer l'attention du public,
encouragé par quelques essais favorables qu'on en
a déjà faits; mais M. *Le Veillard* qui sait que vous
seuls pouvez éclairer le public et les médecins sur
les avantages qu'ils peuvent se promettre de leur
usage, a cru devoir les soumettre à votre jugement.

Vous nous avez chargés, Messieurs, de faire toutes
les recherches nécessaires sur leur nature, leur
composition et leurs effets : nous allons vous exposer
ce que l'examen de la source, l'analyse la plus
exacte, nous ont appris sur ces objets; nous osons
espérer que vous y trouverez des fondemens assez
solides pour asseoir le jugement que vous devez
porter.

Les eaux de l'étang de Saint-Gratien sont soute-
nues par une digue fort longue, dirigée du nord-est
au sud-ouest; cette digue a à chacune de ses extrémités un déchargeoir pour l'écoulement du trop-
plein de l'étang; chacun de ces déchargeoirs est
composé de trois arches, portées sur un massif de
maçonnerie qui se termine en glacis du côté opposé
à l'étang. C'est de dessous ces déchargeoirs que
paroissent venir les sources minérales sulfureuses
que vous nous avez chargés d'examiner. Celles qui
sont situées à l'extrémité sud-ouest de la digue,
paroissent trop peu considérables pour qu'on puisse
se promettre d'en tirer quelque avantage : il n'en
est pas de même de celle qui se trouve à l'extrémité
nord-est du côté d'Enghien; elle est assez abondante
pour espérer qu'elle fournira au besoin de tous ceux
qui seront dans le cas d'y recourir. Outre ces sources,
MM. *Roux et Darcet*, deux d'entre nous, étant allés

cet été visiter les environs de l'étang avec M. *Le Veillard*, en découvrirent une nouvelle dans la prairie qui est à la tête de l'étang, mais dont les eaux leur parurent se mêler avec des eaux communes, ce qui ne permet pas d'espérer qu'on en puisse tirer parti; ce qui nous a déterminés à la seule source du côté d'Enghien, la plus abondante, et celle qui paroît le plus chargée de principes minéraux.

Cette source sortoit autrefois du pied du glacis du déchargeoir, entre des pilotis, sur lesquels ce glacis est bâti; M. *Le Veillard*, depuis qu'il en a obtenu la concession, a fait creuser dessous le glacis pour suivre la source jusqu'à une masse de pierres d'entre lesquelles elle sourcille; il a fait construire pour la recevoir un bassin de pierre qui se décharge par une petite rigole dans un réservoir également bâti en pierre de taille, dans lequel on puise l'eau; il a fait recouvrir le tout d'une voûte en maçonnerie, et l'a fermé d'une porte; ce qui garantit la source d'être inondée par les eaux de l'étang, lorsqu'elles coulent par le déchargeoir, et empêche qu'on n'y jette des immondices, ou qu'on ne trouble de quelque autre manière la pureté des eaux.

La première chose que nous crûmes devoir examiner, lorsque nous nous sommes transportés à la source, fut d'évaluer à peu près la quantité d'eau qu'elle peut fournir; pour cet effet, nous jaugeâmes le réservoir antérieur; nous trouvâmes qu'il avait deux pieds carrés, sur dix-huit pouces de profondeur; nous le fîmes vider, et nous examinâmes à quelle hauteur les eaux qui venaient de la source, y monteroient en une demi-heure de temps; nous trouvâmes qu'elles s'y étoient élevées de onze pouces, d'où nous conclûmes que la source avait fourni dans

cet espace de temps, cent trente-deux pintes d'eau
de 48 pouces cubes chacune, et que, par conséquent,
elle pouvoit en fournir six mille trois cents. trente-
six pintes, ou vingt-deux muids en vingt-quatre
heures; ce qui est plus que suffisant pour fournir,
non-seulement à l'usage de ces eaux en boisson,
mais même permettoit d'espérer qu'on pourroit y
établir des bains.

Ces eaux exhalent une odeur fétide de foie de
soufre qui se fait sentir de fort loin; puisées dans
un verre, elles paroissent claires et limpides; leur
goût n'est que peu désagréable; leur chaleur approche très-fort de celles de toutes les eaux de source,
c'est-à-dire qu'elle n'a ni chaleur, ni froid marqués.
Sa pesanteur spécifique est un peu plus considérable
que celle de l'eau de Seine clarifiée. Elle dépose
dans les bassins qui la reçoivent une matière noire;
et dans le petit ruisseau qu'elle forme, elle se couvre
d'une pellicule blanche assez semblable à celle qui
s'élève sur l'eau de chaux. Les pierres et les autres
matières qui sont au fond de ce ruisseau, sont cou-
vertes d'un dépôt tantôt gris, tantôt violet, tantôt
jaune à sa surface, mais constamment noir dans son
intérieur : ce dépôt devient gris en séchant; et si on
le jette sur un fer rouge dans un lieu obscur, il
s'enflamme et exhale une odeur de soufre.

Si on puise ces eaux dans des bouteilles de grès
ou de verre, et qu'on les bouche bien exactement,
elles conservent leur diaphanéité, leur odeur et toutes leurs propriétés; mais, pour peu qu'elles soient
mal bouchées, elles se troublent, et perdent peu à
peu leur odeur. Pour s'assurer de la nature de la
substance qui se dégageoit de ces eaux lorsqu'elles
étoient exposées à l'air, M. *Roux*, qui s'étoit chargé

du détail des expériences, pesa l'eau contenue dans
deux bouteilles de grès qui avoient été puisées de la
veille, et les distribua dans six bocaux de verre
bien nets, qu'il couvrit d'un papier pour les mettre à
l'abri de la poussière ; ces eaux qui pesoient dix-sept
livres trois onces et demie, commencèrent bientôt à
loucher, et peu à peu elles devinrent blanches et
laiteuses ; il se forma à leur surface une pellicule
assez semblable à la crême de chaux ; ensuite elles
s'éclaircirent peu à peu, à mesure que cette matière
se précipitoit : leur odeur diminua dans la même
proportion ; de sorte que le troisième jour, elle étoit
entièrement dissipée, et que le quatrième, elles
étoient redevenues entièrement claires. Ayant filtré
ces eaux ainsi éclaircies pour avoir le dépôt qu'elles
avoient formé, on obtint onze grains d'une matière
sèche, qui, jetée sur un fer rouge dans un lieu obscur,
donna une légère flamme bleue, et exhala l'odeur du
soufre ; la matière qui resta après cette combustion,
étoit une terre insipide qui se dissolvoit avec effervescence dans les acides.

M. *Le Veillard* dit avoir observé qu'un pareil dépôt
qu'il avoit obtenu des eaux qu'il avoit laissées exposées à l'air, ne contenoit point de soufre, puisqu'il
ne brûloit pas lorsqu'on le jettoit sur des charbons
ardents ; mais il a reconnu depuis, qu'avant que la
fontaine fût arrangée, il ne se formoit point de pellicule à la surface des eaux qu'on exposoit à l'air,
mais que le dépôt se précipitoit en entier, et il croit
que la pellicule seule est inflammable.

Ayant fait porter dans le laboratoire de M. *Roux*
une certaine quantité de ces eaux, il prit en notre
présence dans chacun des verres numérotés ci-dessous,
environ quatre ou cinq onces d'eau d'Enghien, pui-

sées onze jours auparavant, mais gardées dans des bouteilles bien bouchées, et qui n'avoient paru avoir rien perdu de leur odeur ni de leur transparence; il y mêla différents réactifs qui produisirent les effets suivants :

N° 1. La dissolution d'argent dans l'acide nitreux, y a produit un précipité noir en flocons.

N° 2. La dissolution de mercure dans le même acide, un précipité d'un gris noirâtre.

N° 3. La dissolution de plomb dans le même acide, un précipité en flocons tirant sur le noir.

N° 4. La dissolution de sel ou sucre de Saturne, un précipité d'un gris très-foncé, ou noirâtre.

N° 5. Une dissolution de vitriol très-chargée, et qui contenoit un léger excès d'acide, n'en a rien précipité.

N° 6. Une dissolution de vitriol affoiblie, a donné un précipité noir.

N° 7. Quelques gouttes de la dissolution d'arsenic dans l'acide de sel marin, ou ce qu'on appelle *beurre d'arsenic,* ont donné un précipité d'un beau jaune d'orpiment, avec l'odeur de l'orpiment.

N° 8. L'alkali fixe les a rendues laiteuses.

N° 9. L'alkali volatil ordinaire n'y a produit aucun changement.

N° 10. L'alcali volatil caustique n'y a produit aucun changement.

N° 11. Les acides n'ont paru y produire aucune altération.

La couleur et l'odeur du précipité obtenu avec le beurre d'arsenic, ont engagé M. *Roux* à l'examiner plus particulièrement. Il a pesé huit livres d'eau d'Enghien, puisée depuis trois jours, et contenue dans une bouteille bien bouchée; il y a versé peu à peu de sa liqueur arsenicale; il s'est fait un précipité jaune en flocons, qui a bientôt gagné le haut de la liqueur; il a filtré cette liqueur, il en a retiré dix grains de précipité bien sec, très-jaune, et ayant toutes les apparences de l'orpiment. Il a employé une once de beurre d'arsenic pour cette précipitation.

Il a versé quelques gouttes de plus de cette même liqueur dans l'eau filtrée dont il avoit retiré les précipités, pour voir s'il ne resteroit pas encore quelques vestiges de cette matière qui colore l'arsenic en jaune, et s'il s'est fait un précipité blanc : il en a obtenu un semblable en versant de la même liqueur arsenicale dans de l'eau distillée.

Trois jours après, il précipita neuf livres de la même eau puisée en même temps, et gardée dans une bouteille bien bouchée; il a obtenu un double précipité : 1º un précipité jaune qui a flotté dans la liqueur; et 2º un précipité blanc qui a adhéré aux vaisseaux dans lesquels il avoit fait la précipitation; le précipité jaune n'a pesé que neuf grains, et il n'a employé que la même quantité de liqueur arsenicale.

Huit livres d'eau d'Enghien gardées trois jours dans une bouteille qui ne bouchoit pas bien, et qui avoit commencé à se troubler, a donné avec la même quantité de liqueur arsénicale, un précipité mêlé de jaune et de blanc, qui étant desséché, a paru gris, et s'est trouvé peser vingt-trois grains.

Enfin, voulant se procurer une certaine quantité de précipité, il s'est transporté avec M. *Darcet* à la fontaine, où il a précipité une quantité considérable d'eau; et il a remarqué que, lorsqu'il n'employoit que la juste proportion de la liqueur arsenicale, il n'avait qu'un précipité jaune flottant; mais que,

lorsqu'il en mettoit au-delà, il se formoit en même
temps un précipité blanc qui tomboit sur-le-champ
au fond des vaisseaux.

Pour reconnoître la matière qui coloroit ainsi en
jaune ces précipités, il en a jetté quelques grains sur
un charbon ardent; il a observé qu'il brûloit à la
manière de l'orpiment, et qu'il exhaloit une odeur
mêlée de soufre et d'arsenic : d'où il s'est cru fondé
à conclure que c'étoit du soufre, comme sembloit
l'indiquer la couleur; cependant, pour s'en assurer
d'une manière encore plus convaincante, il a mis dix
grains de ce précipité jaune bien pur dans une cornue; il a mis dans une seconde cornue le précipité
gris qu'il avait obtenu de l'eau qui commençoit à se
troubler; et dans une troisième, dix grains d'orpiment naturel, tel qu'on le trouve dans le commerce;
il a ajusté ces trois cornues dans un seul et
même fourneau, il leur a adapté un seul et même
récipient; il a poussé le feu pendant deux bonnes
heures : il a passé dans le ballon quelques gouttes
d'humidité provenant des deux précipités; car le col
des deux cornues qui les contenoient en étoit légèrement mouillé, tandis qu'il n'en a pas apperçu le
moindre vestige dans celle où étoit l'orpiment naturel :
cette humidité étoit de l'acide sulfureux volatil, car
le ballon en avoit fortement l'odeur.

Il s'est fait dans la cornue où étoit l'orpiment naturel, un sublimé qui a tapissé la voûte de la cornue,
et la partie du col qui traversoit la paroi du fourneau,
un sublimé, dis-je, plutôt orangé que rouge ; les
bords en étaient même jaunes : il est resté dans le
fond de la cornue un bouton de matière fondue,
dont la partie adhérente au verre est d'une belle
couleur d'or et la partie supérieure rouge.

Il s'est fait dans la voûte de la cornue qui contenoit le précipité jaune pur, un sublimé d'un jaune foncé, et dans le col un sublimé en partie jaune, en partie rouge comme du réalgar ; il est resté une matière spongieuse noire qui ressembloit à une scorie, et qui, jetée sur des charbons ardens, a répandu une fumée blanche et une odeur arsenicale.

Enfin, on a trouvé dans la voûte de la troisième cornue un sublimé en partie jaune et en partie rouge et un semblable dans le col ; la portion rouge en étoit même d'un plus beau rouge ; le résidu étoit fondu comme celui de l'orpiment, mais sa partie supérieure étoit couverte d'une matière fuligineuse.

Une autre fois, il a pris un gros cinquante-deux grains de précipité jaune, il les a mêlés avec le double de leur poids de sublimé corrosif ; il a mis le tout dans une petite cornue de verre qu'il a placée dans un fourneau de réverbère ; il y a ajusté un récipient et a donné un feu convenable ; il a passé d'abord une liqueur jaune ou un véritable beurre d'arsenic ; il s'est fait un double sublimé ; le premier jaune, qui n'a paru être qu'une portion de l'orpiment qui avoit échappé à la décomposition, et le second rouge ; celui-ci s'est trouvé être un véritable cinnabre : il est resté dans le fond de la cornue une matière noire, dont une partie étoit en poudre et l'autre formoit une masse, mais qui s'est également réduite en poussière, en la retirant de la cornue. Cette matière était semblable à celle qu'on avoit obtenue du précipité pur, à cela près qu'elle ne paroissoit pas avoir subi de fusion comme elle : cette matière, quoiqu'elle eût supporté un degré de feu très-considérable, paroissoit retenir encore de l'arsenic, puisque, jetée sur un charbon ardent, elle en a répandu l'odeur.

Non-seulement ces expériences réitérées constatent de la manière la plus évidente la présence du soufre dans les eaux d'Enghien, mais encore peuvent fournir une méthode simple et facile de le démontrer dans les eaux où il est contenu, dans lesquelles son existence a paru problématique à quelques chimistes (1), avec d'autant plus de fondement, que la couleur noire que prennent l'argent et les différentes dissolutions métalliques, avoient été jusqu'ici les seuls indices par lesquels on pouvoit juger de sa présence, indices qui pouvoient d'autant mieux être suspects, que beaucoup d'autres matières que le soufre présentent le même phénomène. Cette méthode est d'ailleurs plus simple que celle qu'ont employée MM. *Richard* et *Bayen*, dans l'analyse qu'ils ont faite des eaux sulfureuses de Bagnères de Luchon, méthode qui consiste à précipiter les eaux avec une dissolution de mercure, et à sublimer ensuite le précipité pour le convertir en cinnabre, au lieu que la couleur jaune du précipité arsenical indique immédiatement la présence du soufre, puisque cette substance est la seule connue qui puisse colorer l'arsenic en jaune.

M. *Roux* avoit imaginé qu'en évaporant dans des vaisseaux fermés l'eau qui surnageoit ses différens précipités, il parviendroit à découvrir la substance que le soufre abandonne pour s'unir à l'arsenic; mais il a été trompé dans son attente : lorsque cette eau a été évaporée aux trois-quarts, il a cristallisé une espèce de sel jaunâtre, de nature arsenicale, qui lui a paru insoluble ou presque insoluble dans l'eau, et qui, jeté sur les charbons, répand une odeur d'ail;

(1) Voy. l'*Hydrologie* de M. Monet.

sel dont il se propose de faire un examen plus suivi.
Ce sel séparé, il a continué l'évaporation ; il s'est
dégagé encore de l'arsenic sous la forme de sel soyeux ;
ayant continué l'évaportion, il est resté une liqueur
grasse, dans laquelle il a vu flotter quelques flocons
qui l'ont déterminé à la filtrer ; les ayant séparés
par ce moyen, et les ayant lavés avec de l'eau distillée, il a trouvé que c'étoit une sélénite du plus
beau blanc argentin : le reste de la liqueur évaporée
a formé un *magma* salin qui a été cristalisé par le re-
froidissement en aiguilles groupées par paquets ; ce
magma a bientôt attiré l'humidité de l'air et s'est ré-
sous en liqueur.

Après avoir démontré la présence du soufre dans
les eaux d'Enghien, M. *Roux* a procédé, comme nous
en étions convenus, à la recherche des autres matières contenues dans ces eaux. Pour cet effet, il a
pris quinze pintes de ces eaux puisées depuis douze
jours et gardées dans des bouteilles de grès bien
bouchées, dans lesquels elles n'avoient rien perdu ;
il les a mises dans trois alembics de verre, placées
dans un grand bain ; elles ont donné trois gros douze
grains de résidu sec, ce qui fait sept grains 9/15 par
livre, ou quinze grains 3/15 par pinte.

Il a mis quelques grains de son résidu bien sec
sur un fer rouge dans un lieu obscur ; il n'a pu observer ni flâme, ni vapeurs sensibles. Il en a pris
deux gros qu'il a mis sur un filtre ; il a versé dessus
environ huit onces d'eau distillée bouillante ; il a
filtré la dissolution : le résidu non dissous, resté sur
le filtre, a pesé, après avoir été bien séché, un gros
vingt-neuf grains ; par conséquent il y a eu quarante-
trois grains de matière dissoute.

Il a versé sur cette portion du résidu, qui n'avoit

pu être dissoute par l'eau, deux onces de bon vinaigre distillé ; il s'est fait une effervescence : il a filtré la dissolution ; il a bien édulcoré le résidu qui, lorsqu'il a été sec, s'est trouvé peser soixante-sept grains qui étoient une véritable sélénite : par conséquent le vinaigre avoit dissous quarante-quatre grains de terre calcaire pure qui étoient confondus avec elle.

La liqueur qui avoit dissous la matière saline, mise à évaporer, a donné d'abord une assez grande quantité de sélénite, ce qui a obligé de la filtrer à différentes reprises ; lorsqu'elle a été portée au point de la cristallisation, elle a donné des cristaux en colonnes assez purs, qu'il a été aisé de reconnoître pour un véritable sel de Glauber, puisque l'alkali végétal n'a point précipité de terre de sa dissolution, qu'ils avoient le goût amer, et qu'ils sont tombés en efflorescence par la dessiccation à l'air. La liqueur qu'on a continué à évaporer, a encore fourni du sel de Glauber et quelques cubes de sel marin ; il est resté quelques gouttes d'eau-mère qui a refusé de cristalliser, qui, étant étendue dans un peu d'eau distillée, a donné un précipité blanc et terreux par l'addition d'un alkali fixe ; ce qui prouve que c'est un sel à base terreuse : une petite quantité qu'on avait desséchée, a paru répandre une légère odeur d'esprit de sel, en y appliquant une goutte d'huile de vitriol.

D'où il résulte que ces eaux, outre le soufre dont nous avons parlé, contiennent une assez grande quantité de terre calcaire pure et de sélénite, un peu de sel de Glauber et une quantité encore plus petite de sel marin et de sel marin à base terreuse.

On nous demandera sans doute quelle est celle de ces substances qui tient le soufre en dissolution, et

quelle est la raison qui fait qu'il s'en sépare dès qu'il
a le contact de l'air ? Nous croyons pouvoir conjec-
turer qu'il y est uni à un alkali de la nature de la
base du sel marin ou du natrum ; que lorsque ces
eaux viennent à être exposées à l'air, la sélénite et le
sel marin à base terreuse, qui sont contenus assez
abondamment dans ces eaux, décomposent le foie
de soufre par l'union qui se fait de leur acide avec
l'alkali du foie de soufre ; que le soufre se précipite
avec la terre que l'acide abandonne, tandis qu'il résulte de l'union de l'acide vitriolique de la sélénite
à l'alkali minéral du foie de soufre un véritable sel
de Glauber et de celle de l'acide marin du sel marin
à base terreuse à une autre portion du même alkali,
un véritable sel marin ; à moins qu'on n'aimât mieux
supposer que le soufre est uni à une terre calcaire
absolument dépouillée d'air, ou dans l'état de chaux
vive, laquelle reprenant de l'air dès qu'elle a le contact de l'atmosphère, cesse d'être soluble dans l'eau,
tombe et entraîne avec elle le soufre.

Quoi qu'il en soit de ces conjectures, nous croyons
pouvoir conclure de la nature connue de ces eaux,
qu'elles peuvent produire des effets très-salutaires
dans plusieurs maladies chroniques; qu'on a lieu
d'attendre qu'elles seront apéritives, atténuantes, in-
cisives, détersives ; qu'elles pourront convenir dans
les affections psoriques, les paralysies et les ulcères
internes : nous savons même qu'on en a fait usage
avec quelque succès dans plusieurs affections de cette
espèce; qu'elles ont paru, lorsqu'on les a prises avec
les précautions et les ménagemens convenables,
porter à la peau, et exciter des sueurs abondantes.

Signé : BELLOT, BERTRAND, ROUX, DARCET.

Le samedi 29 janvier 1774, la Faculté de médecine assemblée pour entendre le Rapport de MM. les commissaires qu'elle avoit nommés pour examiner les eaux d'Enghien, a adopté en tout leur sentiment sur la nature et les propriétés desdites eaux : la Compagnie a jugé qu'elles pourroient devenir un nouveau secours en faveur des citoyens, d'autant plus avantageux, qu'elles se trouvent à portée de la capitale, et c'est ainsi que j'ai conclu.

Signé : L. P. F. R. LE THEUILLIER, doyen.

Avant que la Faculté s'occupât des eaux d'Enghien, le père *Cotte* de l'Oratoire, physicien distingué, les avait examinées, mais légèrement, ainsi que M. *Macquer*. M. *Le Veillard* en a fait en 1771 une analyse très-détaillée, qu'il a lue à l'Académie des sciences, et qui est imprimée dans le volume IX des savants étrangers : M. d'*Eyeux* en a fait une autre quelques années après. Enfin, depuis celle de la Faculté, la Société royale de médecine les a aussi analysées ; son résultat est à peu près le même que celui de la Faculté pour les substances qu'elles contiennent, et les avantages qu'on doit en attendre.

La distribution de ces eaux se fait à la fontaine, et dans tous les dépôts où se débitent les nouvelles eaux minérales de Passy : savoir, à Paris, chez M. de *Pene-Tancoigne*, apothicaire (1), successeur de M. *Boul-*

(1) Le dépôt de M. Pene-Tancoigne a été substitué à celui-ci devant chez M. Croharé, rue de l'Ancienne Comédie françoise, et plus antérieurement rue du Cœur-Volant. Le dépôt de M. Pene-Tancoigne, et celui de MM. Cadet et de Rosne, sont les seuls à Paris où se distribuent les nouvelles eaux minérales de Passy et celles d'Enghien.

duc, rue des Boucheries (fauxbourg Saint-Germain), et chez MM. *Cadet* et *Derosne,* apothicaires, rue Saint-Honoré; à Versailles, chez M. *Colombot,* apothicaire, successeur de M. *Corion;* à Saint-Germain, chez M. *Gros,* apothicaire; et à Passy, aux nouvelles eaux minérales : on pourra même les y boire dans le jardin.

On les donnera *gratis* aux pauvres à la fontaine, ainsi qu'on l'a toujours fait pour les nouvelles eaux de Passy; mais sur le certificat d'un médecin ou d'un chirurgien, ou du curé de leur paroisse, qui porte la quantité dont ils ont besoin, et qu'ils sont hors d'état de les payer.

Approuvé, ce 17 avril 1785.

VICQ D'AZYR.

IV

Pour trouver de nouveaux documents officiels sur les eaux d'Enghien, il faut laisser de côté toute la première moitié de ce siècle et consulter les derniers volumes de l'Académie de médecine, où sont insérés les comptes rendus des membres de cette Académie sur les rapports des médecins inspecteurs.

Ces comptes rendus critiquent ou approuvent les observations des médecins inspecteurs et indiquent, en les contrôlant, les résultats obtenus par l'action bienfaisante des eaux thermales.

La lecture de ces documents démohtrera la valeur curative des eaux d'Enghien.

Eaux sulfureuses. — Enghien (Seine-et-Oise). — M. le docteur de Puisaye, médecin-inspecteur adjoint (1).

Le rapport adressé par M. de Puisaye comprend les années 1851, 1852 et 1853 ; aussi l'établissement

(1) *Mémoires de l'Académie de médecine,* 1856, t. XX, p. 92. (Rapport général de M. Guérard).

d'Enghien ne figure-t-il pas dans le dernier rapport général. Ce retard dans les envois de M. l'Inspecteur est dû à ce que, étant occupé pendant ces trois années à un travail d'ensemble sur les eaux confiées à ses soins, il a préféré attendre que ce travail fût entièrement terminé pour en faire connaître les résultats à l'administration supérieure.

L'envoi de M. de Puisaye se compose d'un cahier d'observations et d'un mémoire très-étendu. Les observations sont relatives à des malades dont l'auteur a pu suivre le traitement.

Le mémoire pour lequel M. de Puisaye a eu la collaboration de M. le docteur Leconte est à la fois chimique et médical. Nous allons en donner l'analyse.

Après avoir étudié les propriétés physiques des eaux d'Enghien, la force d'écoulement des sources, l'influence de la température et de la pression barométrique sur cet écoulement, M. de Puisaye insiste sur ce fait, que l'odeur et la saveur des eaux d'Enghien, loin de rappeler celles du monosulfure de calcium, présentent la plus grande ressemblance avec l'odeur et la saveur de l'hydrogène sulfuré. Ce caractère, joint aux expériences relatées dans le mémoire. est donné à l'appui de l'opinion que le principe minéralisateur de ces eaux n'est autre que l'hydrogène sulfuré libre. Nous reviendrons plus loin sur cette importante question. La lumière est sans action sur l'eau d'Enghien; au contraire, la chaleur lui fait subir une altération profonde. Toutefois cette altération est due à la présence de l'oxygène atmosphérique; car, renfermée en vase parfaitement clos et chauffé à 70 degrés, l'eau d'Enghien conserve la presque totalité de son principe sulfuré. On comprend, d'après cela, combien est défectueux le mode actuel de chauffage, qui consiste à faire condenser de la vapeur dans des réservoirs remplis d'eau minérale.

L'emplissage et le nettoyage de ces réservoirs sont des causes périodiques d'introduction d'air; mais l'arrivée incessante de la vapeur en apporte aussi une certaine proportion, et, la chaleur aidant, l'oxygène de cet air brûle une partie de l'hydrogène sulfuré dissous dans l'eau minérale, le transforme en acide sulfurique, dont la présence entraîne l'oxydation des métaux et la formation de sulfate. Pour obvier à ces inconvénients, M. de Puisaye propose de remplacer le système actuel par un chauffage au serpentin. En attendant que ce changement puisse être mis à exécution, il faudrait dès à présent faire arriver l'eau minérale froide dans les baignoires et l'y chauffer par l'addition d'eau douce presque bouillante. D'ailleurs, pour soustraire complétement l'eau sulfureuse à l'action de l'oxygène froid ou chaud depuis le moment où elle sort du sein de la terre, jusqu'à celui où elle arrive dans les baignoires, M. de Puisaye a imaginé de recouvrir les sources, les réservoirs et les cuves de chauffage, à l'aide d'un couvercle, dont le bord plonge dans l'eau : pour les réservoirs et les cuves, ce couvercle est mobile.

Dans l'analyse des eaux d'Enghien, M. de Puisaye a employé une solution titrée de sulfate de chaux saturée pour doser l'acide carbonique libre, procédé qui, d'après les détails des analyses, paraît susceptible d'une grande exactitude. Quant à l'acide combiné, on en a déterminé la proportion en le remplaçant par l'acide sulfurique, dont l'équivalent est plus élevé : on détermine ensuite le poids.

L'eau d'Enghien additionnée d'un léger excès de magnésie calcinée, qui précipite l'acide carbonique

et le carbonate de chaux, perd, par l'ébulition, tout
son principe sulfuré ; celui-ci peut être recueilli dans
une solution ammoniacale et dosé exactement à l'aide
d'une solution d'iode. M. de Puisaye pense que ce
principe est l'acide sulfhydrique libre, ses expériences
ne lui ayant point décelé dans les produits dégagés
de l'eau d'Enghien sous l'influence de la chaleur la
présence de la combinaison de soufre et d'ammo-
nium.

Déjà Fourcroy et Delaporte, sans faire connaître les
expériences par lesquelles ils y avaient été conduits,
avaient professé la même opinion.

Quelle est l'origine des eaux d'Enghien ?

La théorie admise pour expliquer cette origine est
parfaitement ordonnée, comme on va le voir. On a
dit :

Le sulfate de chaux ét, en particulier, le gypse
contenus en abondance dans le bassin de Paris sont
décomposés par les matières organiques qui s'y trouvent mêlées en proportions plus ou moins considérables : le sulfure de calcium est un des produits de
cette décomposition lente, il se dissout dans l'eau
infiltrée dans le sol, et est, en partie, transformé en
acide sulfhydrique et en carbonate de chaux sous l'influence d'une portion de l'acide carbonique tenu en
dissolution dans cette même eau. De là, production
d'une eau chargée d'acide sulfhydrique, d'acide carbonique, de carbonate de chaux et de sulfure de calcium. De là aussi la qualification d'*accidentelle* attri-
buée aux eaux minérales formées par la succession
de réactions que nous venons d'indiquer.

M. de Puisaye repousse l'application de cette
théorie à la formation des eaux d'Enghien. Il se fonde
principalement sur les deux faits suivants, qui lui

semblent démontrés : 1° Bien que le sulfate de chaux du terrain parisien renferme, à quelque variété qu'il appartienne, une proportion considérable de matières organiques, ce n'est que par exception que les eaux qui coulent sur le gypse offrent les propriétés des eaux sulfurées. 2° Les eaux d'Enghien ne contiennent que de l'acide sulfhydrique libre, et, de plus, il n'existe aucune relation entre la quantité de soufre renfermée dans ces eaux et le poids de l'acide sulfhydrique qu'elles contiennent, relation qui devrait se montrer d'une manière rigoureuse si la décomposition partielle de ce dernier avait eu lieu en vertu de l'action réductrice précitée; en d'autres termes, avant d'admettre cette réduction, il faudrait établir par l'analyse que l'eau des différentes sources d'Enghien renferme toujours le même poids de soufre, soit sous forme d'acide sulfhydrique soit sous forme d'acide sulfurique dans le sulfate de chaux. Or, l'analyse démontre que, par exemple, dans les sources n° 5 et n° 1, la proportion de soufre est dans le rapport du simple au double.

Mais, dira-t-on alors, comment expliquer les différences énormes offertes par les eaux d'Enghien quant à la proportion du principe sulfuré et des autres substances qu'elles renferment ?

M. de Puisaye admet que ces eaux ont une origine commune, dont le foyer de formation, au lieu d'être situé dans le gypse, se trouve beaucoup au dessous, dans les couches inférieures du terrain parisien, peut-être même dans l'une des formations crétacées sur lesquelles ce terrain repose. Une fois formées, « ces « eaux, en vertu de la loi d'équilibre des liquides, « tendent à se mettre de niveau avec la partie supé- « rieure de la nappe d'eau dont elles font partie;

« elles s'insinuent dans toutes les fissures qu'elles
« rencontrent, se mêlent dans leur trajet aux éaux
« qu'elles trouvent, dissolvent une partie du sulfate
« de chaux qu'elles traversent ou sur lequel elles
« coulent, sans cependant s'en saturer, phénomène
« remarquable qui démontre que leur contact avec
« ce gypse ne doit pas être longtemps prolongé. »
Cette dernière supposition paraît démontrée aux auteurs par cette circonstance, que l'eau des sources
d'Enghien, la plus riche en sulfate de chaux et en
même temps l'une des plus pauvres en principe sulfuré, ne contient par litre que 0 gr. 35 822 de sulfate
calcaire, tandis que celles des puits de Paris et de
Vincennes en renferment 1 gr. 560 et 1 gr. 530.

M. de Puisaye fait remarquer comme rapproche-
ment d'un haut intérêt que, d'après ses analyses, il
est telle source d'Enghien, celle de la Pêcherie par
exemple, où se trouve une proportion de principes
alcalins (*soude et potasse*) égale, à quelques fractions
près, à la quantité de soude signalée dans les eaux de
Baréges et de Bagnères-de-Luchon. Le mode de formation des eaux d'Enghien serait-il le même que
celui des eaux sulfurées des Pyrénées, et les différences observées entre elles ne tiendraient-elles qu'à
la nature des terrains qu'elles sont obligées de traverser pour arriver à la surface du sol ?

M. de Puisaye en appelle à l'avenir pour résoudre
cette question et dissiper l'obscurité qui entoure encore l'origine des différentes eaux sulfurées.

Les eaux d'Enghien s'emploient en boisson, bains,
douches et lotions. Leur action est généralement
stimulante ; elles donnent quelquefois lieu à la
poussée (hydroa balneatorum miliaris, psydracia
thermalis), et il est prémusable que la rareté de l'ap-

parition de cette éruption tient, d'une part à l'altération que subit l'eau par le mode actuel de chauffage,
et de l'autre à la brièveté relative des bains. En effet,
à Louesche, où les bains se prolongent pendant plusieurs heures, la poussée est générale et abondante.
Enfin, l'usage abusif ou seulement continué avec
persévérance des eaux d'Enghien peut être suivi de
cette espèce particulière de dégoût auquel on a
donné le nom de thermalisme; il est prudent de
tenir compte de l'avertissement et de renoncer à cet
usage.

Les eaux d'Enghien conviennent dans les affections diathésiques, et notamment dans les diathèses
scrofuleuses, tuberculeuses, rhumatismales et herpétiques; elles sont nuisibles, ou tout au moins inu-
tiles, dans les diathèses goutteuses et cancéreuses.
Elles méritent d'être classées en première ligne dans
les affections catarrhales des voies respiratoires.
Dans les catarrhes intestinaux, utérins, vésicaux et va-
ginaux, leur action est utile, mais indirecte : c'est en
effet par leur influence sur les fonctions générales,
et notamment sur la nutrition, qu'elles modèrent et
qu'elles régularisent les sécrétions, dont l'abondance
porte atteinte à l'économie entière. Les troubles généraux dépendant de la chlorose et de l'anémie sont
heureusement modifiés par les mêmes eaux. On peut
en dire autant des névroses, qui portent atteinte
aux fonctions de nutrition. Quant à celles qui altèrent la sensibilité ou le mouvement, elles réclament
de préférence la méthode perturbatrice. Enfin, les
engorgements chroniques du corps ou du col de l'u-
térus ne cèdent aux eaux d'Enghien qu'autant que
celles-ci sont administrées sous forme de douches
révulsives.

M. de Puisaye a joint à son mémoire trois cahiers contenant des observations particulières et répondant aux années 1851, 1852 et 1853.

Sur 354 malades observés par l'auteur, 109 ont recouvré la santé, soit immédiatement, soit dans l'année qui a suivi le traitement thermal; 179 ont éprouvé de l'amélioration dans leur état, et 66 n'ont offert aucun changement.

Pour ce qui est du nombre de personnes admises chaque année à l'établissement thermal d'Enghien, M. de Puisaye fait observer que, le règlement administratif concernant la statistique des malades n'ayant été mis en vigueur qu'au milieu de la saison de 1856, un dénombrement exact ne pourra en être donné que dans les envois ultérieurs.

Le produit annuel de la régie des eaux, non compris les locations, s'élève à 66,785 francs, et l'on évalue à 400,000 francs la dépense faite dans le pays par les malades et les visiteurs.

Les faits consignés dans l'analyse que l'Académie vient d'entendre restent entièrement sous la responsabilité de l'auteur du Mémoire, dont nous avons seulement cherché à rendre fidèlement les idées, sans nous arrêter aux observations critiques présentées, il y a près de deux ans, sur quelques points de cet important travail, par l'un des membres de la commission, M. Ossian Henry.

Rapport général sur le service médical des eaux minérales de la France pendant l'année 1863, par M. Pidoux (1).

EXTRAIT

. . . .

Entre les mains de M. l'inspecteur de Puisaye, les eaux d'Enghien, qui offrent de si précieuses ressources aux Parisiens qui ne peuvent pas se déplacer, continuent à produire d'incontestables bons effets dans les bronchites chroniques, les pharyngites folliculeuses, les adénites strumeuses, les rhumatismes chroniques non irritables et non goutteux, les dermatoses les plus diverses. Tout le monde a pu voir, par quelle merveilleuse appropriation, les eaux d'Enghien, qui sont maintenant les eaux minérales de Paris, se sont placées à la hauteur de leur clientèle, et peuvent maintenant répondre à toutes les indications que certaines maladies bien définies présentent pour les eaux sulfurées calciques.

Rapport général des eaux minérales pendant les années 1868-1869, fait par M. Mialhe et lu à l'Académie dans la séance du 16 janvier 1872 (2).

EXTRAIT

1868. *Eaux d'Enghien (Seine-et-Oise).*

Des faits consignés dans le rapport de M. le doc-

(1) *Mémoires de l'Académie de médecine*, t. XXVII, p. 257.

(2) *Mémoires de l'Académie de médecine*, t. XXX, p. 114.

teur de Puisaye, médecin-inspecteur des Eaux d'Enghien, il résulte :

1º Que les eaux minérales d'Enghien conviennent dans les affections diathésiques, et notamment dans les diathèses scrofuleuses, tuberculeuses, rhumatismales et herpétiques; dans la diathèse syphilitique les eaux d'Enghien agissent sur l'économie et la constitution, soit que celle-ci ait été profondément lésée par la maladie elle-même, soit par les moyens employés pour la combattre. Quant aux symptômes proprements dits, les eaux sulfureuses ont sur eux une action analogue à celle qu'elles ont dans les autres dermatoses.

L'habile inspecteur d'Enghien est de jour en jour plus convaincu que, dans la diathèse tuberculeuse, la phthisie proprement dite, le traitement thermal trouve mieux ses indications dans là période de ramollissement des tubercules plutôt que dans toute autre; les résultats sont d'autant plus favorables que la maladie est plus circonscrite.

2º Que les eaux d'Enghien doivent être classées au premier rang dans le traitement des affections catarrhales, telles que la bronchite, la laryngite et les diverses espèces de pharyngites; elles ont une action efficace sur la sécrétion morbide, qu'elles tendent d'abord à modifier, puis à faire disparaître.

Dans d'autres affections catarrhales, telles que celles du tube intestinal, de l'utérus, de la vessie, du vagin, dont la secrétion, par son abondance, porte atteinte à la constitution, c'est sur les fonctions générales et principalement sur les fonctions de nutrition que les eaux sulfurées dirigent toute leur action.

3º La médication sulfurée convient dans les

troubles fonctionnels généraux que déterminent la chlorose, l'anémie, et dans certains autres états pathologiques où prédomine l'élément scrofuleux ou lymphatiques.

4º Dans les engorgements chroniques du corps et du col de l'utérus, les eaux sulfurées ne sont applicables que lorsqu'on les administre sous forme de douches résolutives.

5º Les eaux d'Enghien ne sont efficaces que dans les névroses qui attaquent les fonctions de nutrition et par conséquent réagissent d'une manière fâcheuse sur l'état général ; quant à celles qui portent spécialement sur la sensibilité ou le mouvement, on n'obtient de résultat favorable qu'en les attaquant par la méthode dite perturbatrice.

6º Enfin, les eaux d'Enghien trouvent encore leur application dans certaines maladies locales où une stimulation est indiquée ; dans celles aussi qui, par leur durée, retentissent sur la santé générale et dont la cause initiale peut être rapportée à une des diathèses précédemment indiquées.

Deux très-intéressants tableaux, relatifs l'un aux variations barométriques, thermométriques et météorologiques, observées à Enghien pendant les mois de juin, juillet, août et septembre ; l'autre à la récapitulation des maladies traitées dans cette station thermale pendant la saison de 1868, terminent le rapport du savant inspecteur d'Enghien, rapport digne de clore la liste de ceux qui, à diverses époques, lui ont mérité les plus hautes récompenses académiques.

V

Nous terminons cette publication par un article de M. le docteur Desnos, et qui résume avec beaucoup de science et de clarté les mémoires et les rapports qu'on vient de lire.

Enghien (Seine-et-Oise, arrondissement de Pontoise). — Altitude, 48 mètres. — Eaux sulfurées, calciques, froides. — Température variant de 10 à 14 degrés centigrades; 12 degrés paraît être le chiffre le plus constant. — A 11 kilomètres de Paris, ligne du chemin de fer du Nord.

La station d'Enghien occupe un rang élevé parmi les eaux sulfurées calciques de France. Sa proximité de la capitale, l'importance d'un établissement de construction récente, les conditions favorables du site qu'elle occupe doivent figurer au nombre des principaux éléments du succès qui la favorise actuellement.

Cinq sources principales alimentaient l'établissement à l'époque où fut publié l'important travail de de Puisaye et Leconte (1853) : Source *Cotte* (1), source

(1) Il y a d'autres sources nouvelles, dont M. Desnos ne parle pas, ce sont : la source du *Lac*, 0gr,770 sulf. sur

Deyeur, source *Péligot* ou de la *Rotonde*, source *Nouvelle* ou source *Bouland*, source de la *Pêcherie* (1).

Depuis cette époque, trois nouvelles sources sont venues s'ajouter aux précédentes, ce sont celles du *Lac*, des *Roses* et *Lévy*. La première jaillit au milieu du lac dont elle a tiré son nom. Parfaitement captée, elle verse son eau dans le réservoir de la *Pêcherie*.

D'un odeur rappelant franchement celle de l'hydrogène sulfuré, d'une saveur identique, si l'odorat et le goût s'exercent simultanément, mais douceâtre, fade et légèrement alcaline, si le goût seul intervient après l'interception préalable du passage de l'air à travers les fosses nasales, l'eau des cinq premières sources a été soumise à une analyse consignée dans le mémoire de de Puisaye et Leconte. Ces sources diffèrent peu les unes des autres par leur composition. Voici les résultats qu'a donnés aux auteurs que nous venons de citer l'eau de la source *Cotte*.

Gaz. — Azote, 19 milligrammes ; acide carbonique libre, 119 milligrammes ; acide sulfhydrique libre, 25 milligrammes.

Substances fixes. — 510 milligrammes de minéralisation ; carbonate de chaux, $0^{gr},217$; de magnésie, $0^{gr},016$; sulfate de potasse, $0^{gr},008$; de soude, $0^{gr},0307$; de chaux, $0^{gr},319$; de magnésie, $0^{gr},090$; d'alumine, $0^{gr},039$; chlorure de sodium, $0^{gr},039$; acide silicique, $0^{gr},028$; oxyde de fer, traces ; matière organique indéterminée.

Les trois sources du *Lac*, des *Roses* et *Lévy* ont été

1000 grammes ; la source du *Nord*, $0^{gr},680$ sulf. sur 1000 grammes ; la source du *Puisaye*, $0^{gr},480$ sulf. sur 1000 grammes.

(1) Aujourd'hui source du *Roi*, $0^{gr},396$ sulf. sur 1000 grammes.

de la part de Reveil l'objet de recherches ultérieures (1864). Les résultats obtenus par lui n'infirment en aucune façon ceux qui viennent d'être indiqués et s'en rapprochent par beaucoup de points en les complétant. Aux substances dont la présence a été déterminée par Leconte, il faut ajouter, d'après Reveil, des traces d'iodure de sodium, d'arséniate de soude, de borates, de phosphates, de manganèse et surtout de lithine.

Quant aux composés de cœsium et de rubidium dont la présence dans les eaux minérales s'allie si souvent à celle de la lithine, ni les efforts de l'analyse chimique, ni ceux de la spectroscopie, d'après la méthode de Bunsen et Kirchhoff, n'ont pu en déceler l'existence dans le résidu de l'évaporation de 300 litres d'eau.

L'état du soufre à l'état d'hydrogène sulfuré libre dans les eaux d'Enghien constitue un des traits caractéristiques de leur composition chimique.

L'opinion généralement acceptée, celle que partagent Reveil, les auteurs du *Dictionnaire des eaux minérales*, c'est que la sulfuration des eaux d'Enghien provient des sulfates ferreux, dont sont chargées des eaux qui, en passant à travers des terrains contenant des matières organiques, de la tourbe par exemple, sont décomposées par celles-ci. L'oxygène des sulfates se combine avec les matières organiques pour faire de l'acide carbonique et de l'eau, en laissant du sulfure de calcium. Une partie de l'acide carbonique formé déplace du sulfure en produisant du carbonate de chaux, et laisse en dissolution ou déplace de l'hydrogène sulfuré. Dans cette façon d'envisager la question, on peut considérer ces eaux comme prenant naissance dans des zones relative-

ment superficielles. Telle n'est pas la manière de
voir de de Puisaye et Leconte qui assignent à l'eau
d'Enghien une origine beaucoup plus profonde dans
les couches inférieures du terrain *parisien*, au-dessous du gypse ou dans les terrains crétacés. Il est
juste de reconnaître que de Puisaye et Leconte
restent à peu près isolés dans cette opinion longue-
ment développée par eux, mais qui ne s'appuie que
sur des hypothèses.

Les eaux d'Enghien s'emploient à l'intérieur à la
dose d'un demi-verre à quatre ou six verres par
jour, et à l'extérieur sous toutes les formes indiquées
par les perfectionnements de la balnéation mo-
derne.

Reconstruit récemment d'après les plans de Bouillon
et Müller, et sous les inspirations de M. de Puisaye,
le nouvel établissement d'Enghien qui fonctionne
depuis 1863, figure au nombre des mieux installés.
Il possède quatre-vingts baignoires, la plupart en
fonte émaillée; toutes sont à trois robinets, l'un
d'eau froide sulfureuse, l'autre d'eau ordinaire froide,
le troisième d'eau ordinaire chaude. Ce système
d'aménagement, joint à un certain nombre de baignoires à double fond, munies d'un serpentin tra-
versé par un courant de vapeur, permet selon les
nécessités thérapeutiques, d'alimenter les baignoires
avec de l'eau à des degrés très-variables de sulfuration. Le bain chauffé à la vapeur marque 16 à 17
divisions au sulfhydromètre; il présente donc une
sulfuration considérable; partant il devient très-
excitant et ne pourrait être d'un usage journalier
pour la plupart des malades. Le bain préparé avec
un tiers d'eau ordinaire à 80 degrés marque encore
9 divisions sulfhydrométriques. Il offre une sulfura-

tion qui répond à un très-grand nombre des besoins de la pratique. Des douches à haute et basse pression, peuvent être associées aux bains ou données à l'exclusion de ceux-ci. Elles sont descendantes ou ascendantes, rectales, vaginales. Des ajutages de toutes sortes permettent d'en varier la forme.

Les cabinets de bains sont précédés d'un vestiaire servant également de cabinet de toilette, donnant tous sur la galerie vitrée; disposition qui a l'avantage d'offrir aux malades une salle d'inhalation naturelle où l'atmosphère sulfurée se renouvelle incessamment.

Des appareils spéciaux, entre autres ceux de Mathieu (de la Drôme) pour bains d'eau pulvérisée, deux bains de vapeur complets, des douches écossaises, des bains russes et des caisses pour bains d'air chaud et fumigations de toutes sortes complètent cet appareil balnéothérapique, digne des stations thermales les plus considérables.

Une mention spéciale est due à la salle de pulvérisation qui contribue pour une large part au traitement d'un certain nombre d'affections.

Elle mesure un espace de 5^m,45 de large sur 7^m,90 de long et 3^m,60 de hauteur. Son centre est occupé par une grande table de forme ovale, allongée de 0^m,70 de large sur 4 mètres de long, autour de laquelle les malades sont assis : au milieu s'élèvent cinq grands appareils de pulvérisation. Autour d'une des murailles on a disposé dix petits instruments de formes diverses pour douches buccales et pharyngiennes. L'eau servant à la pulvérisation, arrive directement du réservoir sans avoir subi d'altération. Une machine à vapeur et une pompe à double effet, remplaçant le moteur à bras et la pompe à simple effet de l'installation primitive, permettent d'effectuer la pulvérisation dans les meilleures conditions possibles. Malgré l'énorme déperdition du principe sulfureux qui résulte toujours de la pulvérisation, l'atmosphère de la salle d'inhalation d'Enghien présente encore, d'après les expériences de de Puisaye et Reveil, un degré suffisant de sulfuration.

Les malades sont soumis, dans cette salle, à la double action d'une pulvérisation proprement dite et d'une véritable inhalation gazeuse et, par conséquent, plongés dans un milieu sulfuré, dont la portée physiologique et thérapeutique ne saurait être méconnue.

Les eaux minérales, au point de vue de leurs effets physiologiques, peuvent, d'une manière générale, être divisées en deux grandes classes, suivant qu'elles provoquent dans l'organisme des phénomènes d'excitation et de remontement, ou bien qu'elles exercent au contraire une action hyposthénisante, en rapport avec leur composition chimique ou leur mode d'administration. Comme un grand nombre d'eaux sulfureuses, celles d'Enghien appartiennent à la première catégorie. Données isolément ou simultanément à l'intérieur et à l'extérieur, elles produisent, après un temps variable, suivant les idiosyncrasies et la manière dont elles sont administrées, de l'accélération du pouls pouvant s'accompagner d'élévation de la température et arriver jusqu'à un degré d'état fébrile fort accusé, une sensation inusitée de bien-être, de réveil des forces, une augmentation de l'appétit et de la puissance digestive, suivie parfois de phénomènes de catarrhe gastro-intestinal.

Leur action sur les muqueuses et particulièrement

sur celles des bronches forme un des traits saillnats des propriétés thérapeutiques des eaux d'Enghien. Les expériences de Claude Bernard, en nous montrant la muqueuse respiratoire comme la voie d'élection de l'élimination des principes sulfureux introduits dans l'organisme, nous permet de saisir cette spécialisation.

La peau, surtout dans les cas où l'on fait usage des bains, ressent vivement l'influence du traitement hydro-minéral. Cette impression qui se traduit souvent par une diaphorèse inaccoutumée, ou par le rétablissement d'une transpiration habituelle, accidentellement supprimée, peut aller jusqu'à produire un certain nombre d'éruptions, depuis une simple miliaire, un érythème fugace, jusqu'à l'acné, l'ecthyma, ou des furoncles plus ou moins nombreux. Les éruptions connues sous le nom de *poussée*, telles qu'on les voit près de certaines stations thermales, et notamment à Louesche, ne s'observent qu'exceptionnellement à Enghien.

Lorsque les malades sont soumis à l'usage de l'eau pulvérisée, quelques modifications se produisent dans la genèse et l'enchaînement des phénomènes physiologiques. Contrairement à ce qui arrive lorsque ces eaux sont prises à l'intérieur, l'action excitative sur les organes immédiatement en contact avec l'eau pulvérisée se fait sentir d'abord et parfois après un temps très-court, avant de retentir sur l'économie en général. Le séjour dans l'atmosphère de la salle de pulvérisation exerce, en outre, sur le cœur une sédation qui, principalement au début de la séance, peut abaisser notablement le chiffre des pulsations, et s'accompagner, quelquefois, d'une céphalalgie particulière, occupant de préférence les deux régions

temporales : elle doit être rapportée à l'action toxique
de l'hydrogène sulfuré. Cette action toxique s'observe dans plusieurs stations où l'inhalation de ce
gaz est en usage ; elle pourrait avoir en certains cas,
des conséquences sérieuses ; le médecin doit en être
averti.

Parmi les affections tributaires des eaux d'Enghien, ou du moins parmi celles que réclament plus
instamment les médecins qui pratiquent près de ce
poste hydro-minéral, il faut placer les *affections catarrhales des différentes muqueuses*. Qu'il soit proto-
pathique ou consécutif à une maladie aiguë, telle
que la rougeole, la coqueluche, ou bien encore qu'il
relève de quelqu'un de ces états diathésiques et notamment de l'herpétisme, contre lesquels les eaux
sulfureuses sont indiquées, le catarrhe des bronches
est au premier rang des inflammations des muqueuses qui ressortissent à la médication d'Enghien.
Il y a toutefois des réserves à établir, ainsi que nous
le verrons, relativement au traitement de la bronchite dont l'existence se lie à celle de la tuberculose
pulmonaire.

La chronicité ou, pour parler plus exactement,
l'absence actuelle d'un état aigu, est une condition
importante de l'opportunité thérapeutique. L'introduction de l'eau dans les voies digestives représente
la base du traitement, dont les bains sont un adju-
vant utile, en produisant sur le tégument externe,
une dérivation qui s'exerce au bénéfice des muqueuses. Ils sont d'autant plus indiqués, que les
fonctions de la peau ont pu être entravées par la
suppression d'anciennes éruptions ou par l'influence
de la diathèse rhumatismale.

Administrée de la manière qui vient d'être dite,

l'eau d'Enghien, après un temps variable, suivant
les susceptibilités individuelles et la façon dont le
traitement est dirigé, amène l'amélioration ou la guérison de l'état catarrhal. Celles-ci peuvent s'effectuer
sans autre acte organique appréciable que l'amende-
ment des symptômes. D'autres fois, et plus souvent
peut-être, on observe des phénomènes d'excitation
qui se traduisent d'abord par une sensation de sé-
cheresse, de chaleur, de douleur même, sur le trajet
du larynx, de la trachée, des bronches, et suivie
d'une sécrétion abondante de matières muqueuses,
transparentes, puis opaques, muco-purulentes. Ce
travail d'excitation qui est souvent la condition nécessaire de la guérison doit être surveillé. Il peut
prendre des proportions suffisantes pour nécessiter
la suspension du traitement minéral ou une inter-
vention thérapeutique plus ou moins active.

L'adjonction de la pulvérisation à l'eau donnée en
bains et en boisson, concourt puissamment à modifier la vitalité de la muqueuse respiratoire.

Il est permis de rapprocher, sinon sous le rapport
de leurs causes et de leur nature, au moins par leur
localisation, l'*asthme* et la *coqueluche* du catarrhe
bronchique. Bien que les observations de de Puisaye,
relativement à ces deux maladies, ne soient pas encore en nombre suffisant, ainsi qu'il est le premier
à le faire remarquer, nous devons reconnaître qu'il
est parvenu, dans un certain nombre de cas, à en
atténuer singulièrement les symptômes. La salle de
pulvérisation dans la coqueluche et dans l'asthme,
les douches révulsives dans l'asthme lui ont été
particulièrement utiles. Il a constaté qu'administrées
en l'absence de l'accès, les douches déterminent
son apparition ; qu'elles en diminuent au contraire

l'intensité ou même le font disparaître entièrement si on les donne lorsqu'il est à son maximum d'intensité.

L'histoire nosologique et thérapeutique de la pharyngo-laryngite chronique, de l'angine glanduleuse, du coryza postérieur, voire même du catarrhe chronique ou ulcéreux de l'ensemble des fosses nasales, est unie à beaucoup de points de vue par des liens intimes à celle de la bronchite chronique. Aussi les eaux d'Enghien sont-elles depuis longtemps en possession du traitement de ces affections. Depuis que des douches pharyngiennes à jet très-fin, des inhalations d'eau pulvérisées qui agissent si directement, en ce cas, sur les organes malades, ont été ajoutées à la médication par l'eau en boisson et en gargarisme, le chiffre des résultats favorables s'est élevé, et le traitement de l'angine glanduleuse est aujourd'hui une des spécialisations importantes de cette station. Le traitement du coryza postérieur se confond le plus ordinairement avec celui de l'angine glanduleuse ; celui de l'inflammation des parties moyennes et antérieures des fosses nasales peut réclamer en outre l'usage d'irrigations continues à travers les cavités nasales avec de l'eau sulfureuse pure ou mitigée, d'après un procédé que nous avons décrit ailleurs.

Vient ensuite, mais sur un plan plus secondaire l'appropriation des eaux d'Enghien au *catarrhe de différents autres organes.*

Le catarrhe de la muqueuse utérine, quelle que soit sa cause, simple ou accompagné d'un certain degré d'inflammation chronique du parenchyme de la matrice, est parfois traité à Enghien. L'application des eaux n'est pas sans donner des résultats favorables, mais les difficultés qui entourent la thérapeutique des affections utérines près d'un grand nombre de stations thermales se retrouvent ici. Du reste, les médecins d'Enghien semblent réserver au traitement hydro-minéral le rôle d'une médication surtout adjuvante des autres moyens thérapeutiques.

Nous trouvons le catarrhe vésical parmi les maladies qui peuvent être heureusement modifiées à Enghien. Nous acceptons cette donnée, mais en rappelant combien il faut se mettre en garde contre l'irritabilité de la vessie dans cette maladie, et peut-être, lorsque la médication sulfureuse est indiquée, accorderions-nous la préférence à des eaux d'une tolérance plus facile, telles que Olette, Molitg, la Preste.

Les *dermatoses*, avons-nous dit, forment un contingent considérable des maladies adressées à Enghien. Cependant, ni la lecture des observations, ni les faits acquis à la thérapeutique générale des maladies de la peau par les eaux minérales ne justifient pleinement cette notoriété. Laissant de côté les doctrines relatives à la pathogénie des maladies cutanées, et faisant abstraction des syphilides, nous ferons remarquer, à un point de vue tout pratique, que les dermatoses considérées dans leurs rapports avec les eaux minérales peuvent être divisées en affections de peau profondes, sèches, moins irritables, tels sont le lichen, le psoriasis; et en affections plus superficielles, humides, essentiellement irritables, dont l'eczéma est le type. Pour les premières, les eaux d'Enghien peuvent être insuffisantes, et il peut y avoir lieu de leur préférer des eaux plus puissantes, telles que Louesche, Schinznach.

L'eczéma, au contraire, réclame les plus grandes

précautions; il ne doit être traité par les eaux sulfureuses que lorsque toute acuité a disparu, à la
période squameuse; souvent encore, on voit survenir
des retours de la maladie, qui, loin de se restreindre,
comme on le croit trop généralement dans des limites
thérapeutiques, entraînent de véritables rechutes et
des aggravations regrettables.

On irait au delà de notre pensée en croyant que
nous nions d'une façon absolue l'utilité que peuvent
présenter les eaux d'Enghien dans quelques eczémas.
Nous désirons seulement qu'on soit bien en garde
contre leurs inconvénients possibles, et que la question d'opportunité d'application soit étudiée avec
tout le soin convenable.

Quant au pityriasis versicolor, maladie parasitaire,
liée à la présence du *microsporon furfur*, inscrite
sur les tableaux de guérison de de Puisaye, elle dispa-
raît trop facilement par les préparations sulfo-
alcalines et les bains sulfureux artificiels, pour qu'on
ne comprenne pas les modifications favorables que
lui imprime l'eau d'Enghien.

Il n'est pas douteux que les *affections diathésiques*
et leurs diverses expressions ne soient avantageuse-
ment combattues par des eaux sulfureuses d'une
valeur thérapeutique très-formelle comme celles
d'Enghien. Toutefois il ne faut pas oublier qu'à des
affections qui étreignent aussi étroitement l'organisme que les diathèses, dont la portée pathogéné-
tique est si profonde, il faut opposer des médica-
tions essentiellement énergiques et radicales. Sous
ce rapport, les eaux sulfurées calciques sont inférieures aux sulfurées sodiques, leur action est plus
superficielle.

Ces réflexions s'appliquent particulièrement à la

scrofule. Déjà en traitant de quelques stations sulfureuses sodiques, du groupe des Pyrénées, nous n'avons pas dissimulé nos préférences pour les chlorurés sodiques dans le traitement de cette diathèse. Elles subsistent tout entières en ce qui concerne Enghien, tout en reconnaissant l'excellent parti qu'on en peut tirer, lorsqu'on n'a pas le choix de la station où l'on peut adresser un malade. Le lymphatisme, simple prédisposition morbide, simple acheminement à la diathèse scrofuleuse, est encore plus facilement justiciable des eaux d'Enghien, bien que, ainsi qu'on en a fait la remarque, il n'y ait pas de parité à établir entre l'habitation dans une campagne aux environs de Paris et un séjour dans les Pyrénées.

Les *tubercules pulmonaires* et surtout le *catarrhe bronchique* qui s'y rattache souvent et en est parfois la première et l'unique manifestation, sont traités avec bénéfice par les eaux d'Enghien. Celles-ci ont d'autant plus d'énergie, que la phthisie se trouve greffée sur une constitution scrofuleuse ou lymphatique. De Puisaye insiste sur la convenance qu'il y a à attendre la deuxième période de la tuberculose pulmonaire pour instituer le traitement. Il redoute la période de début, celle des hémoptysies, des bronchites aiguës en un mot, la période marquée par les congestions actives initiales. L'eau est surtout administrée en boisson. Les demi-bains, les douches révulsives sur les extrémités inférieures ne doivent pas être négligés comme moyens adjuvants ; ils sont utiles pour combattre ou prévenir les phénomènes congestifs vers les organes thoraciques.

Au même titre, le séjour dans la salle d'inhalation rend des services en raison de l'action sédative de

6

l'atmosphère d'eau pulvérisée sur la circulation. Cependant si les hémoptysies sont conjurées ou amendées par ce procédé, la toux, loin d'être calmée, peut être augmentée, c'est là un des inconvénients de la pulvérisation qui, d'ailleurs, d'après de de Puisaye, ne produit dans le traitement de la phthysie, que des effets analogues à ceux qu'on obtient par les anciens modes d'administration des eaux.

Le *rhumatisme chronique* sous toutes ses formes, dans toutes ses localisations, à l'exception de celles qui se font vers les séreuses du cœur, les arthropathies rebelles qui peuvent en être la conséquence aussi bien que de la scrofule, fournissent aux eaux d'Enghien une source d'applications heureuses. Un rôle important est réservé dans ces affections à la balnéation et aux douches. Il n'y a rien là, du reste, qui diffère de ce qu'on obtient par d'autres eaux sulfureuses auxquelles leur haute thermalité constitue une supériorité marquée.

Malgré la présence de la lithine, il est vrai qu'il n'y en a que des traces, ce que nous disons du rhumatisme ne doit pas être étendu à la *goutte*. Les médecins d'Enghien en répudient le traitement. La médication hydro-minérale n'a pas, d'après eux, d'action curative, et elle peut provoquer l'explosion non-seulement d'accès de goutte articulaire, mais ce qui est plus grave d'accès de goutte viscérale. Quelques observations de de Puisaye sont concluantes à cet égard.

Les indications d'Enghien dans la *syphilis* ne diffèrent pas de celles des autres eaux sulfureuses; elles sont relatives aux ressources adjuvantes que les eaux minérales offrent à la médication spécifique

lorsqu'elle devient insuffisante ou difficilement tolé-
rée par l'économie. Elles peuvent encore s'adresser
à des cas de diagnostic incertain où le traitement
thermal fait apparaître des éruptions caractéristiques
longtemps après l'époque à laquelle elles devaient
normalement se développer. Ce n'est pas le lieu
d'insister davantage sur l'importante question du
traitement de la syphilis par les eaux minérales.

Quant à la *chlorose, aux anémies*, à quelques *né-
vropathies* inscrites sur la liste des maladies traitées
avec succès à Enghien, ce n'est que dans des conditions restreintes qu'elles doivent y être adressées.
Il n'est pas douteux que les qualités toniques de ces
eaux ne puissent les rendre efficaces dans les cas où
ces affections sont greffées sur un organisme débi-
lité avec prédominance de lymphatisme ou de scrofule. Mais chez des malades très-excitables, il faut
leur préférer les eaux sédatives, peu minéralisées,
dites eaux *indifférentes* au point de vue chimique.

De cette étude, il ressort que les eaux d'Enghien
répondent à la plupart des besoins thérapeutiques
auxquels satisfont un grand nombre d'eaux sulfu
reuses. Le nombre peu considérable d'eaux minérales dans la région qu'elles occupent, leur voisinage
d'un grand centre de population les placent dans
une condition spéciale. Elles rendent de grands services à ceux que des raisons d'intérêt ou de toute
autre nature empêchent de quitter Paris, et surtout
aux malades que leur état empêche d'entreprendre
un voyage de quelque durée, celui des Pyrénées,
par exemple. A côté de ces avantages, il existe pour-
tant un écueil contre lequel il faut prémunir les

malades. Il est réservé au repos physique et moral, une part indéniable dans les résultats du traitement thermal. Il faut s'élever contre cette prétention de quelques personnes de se rendre journellement de Paris à Enghien pour y suivre la cure. Plusieurs m'ont avoué que des tentatives de ce genre exécutées par elles en dépit des conseils médicaux leur avaient été plus nuisibles qu'utiles par suite de la fatigue qu'elles en éprouvaient.

L'eau d'Enghien transportée est l'objet d'une exploitation considérable. D'après les recherches de Reveil, cette eau embouteillée d'après les procédés perfectionnés aujourd'hui en usage et placée à l'abri de la lumière, ne s'altère qu'après un temps assez long. Dans quelques circonstances particulières, son degré sulfurométrique peut être augmenté, probablement par la transformation de sulfate de chaux en sulfure de calcium au moyen des matières organiques qui y sont accidentellement mêlées.

Une installation hydrothérapeutique importante est annexée à l'établissement hydro-minéral.

Bouland (Pierre), *Études sur les propriétés physiques, chi-. miques et médicinales des eaux d'Enghien.* 1850.

De Puisaye et Leconte, *Eaux d'Enghien au point de vue chimique et médical.* 1853.

Réveil, Analyse des sources du Lac, des Roses et Lévy (*Annales de la Société d'hydrologie médicale de Paris,* t. XI, 1865-1865).

De Puisaye, De l'inhalation sulfureuse et de la pulvérisation dans le traitement des voies respiratoires (*Annales de la Société d'hydrologie médicale de Paris,* t. XI, 1864-1865).   L. DESNOS.

(Extrait du Nouveau Dictionnaire de médecine et de chirurgie pratiques. *Paris,* J.-B. Baillière et fils, 1870, tome XII.)

LISTE

DES

MEMBRES DE L'ACADÉMIE DE MÉDECINE

PAR SECTION

Anatomie et Pathologie

PIORRY, 21, rue de la Chaussée-d'Antin.
SÉGALAS, 5, rue Béranger.
BOUVIER, 115, avenue des Champs-Élysées.
BAILLARGER, 15, quai Malaquais.
BERNARD (DE), 40, rue des Écoles.
BÉCLARD, 4 impasse des Épinettes, Charenton-Saint-
  Maurice.
SAPPEY, 16, rue de Fleurus.
VULPIAN, 24, rue Soufflot.
MAREY, 13, rue Duguay-Trouin.
MOREAU, 55, rue de Vaugirard.

Pathologie médicale

ANDRAL, 38, cours la Reine.
KERGARADEC-LEJUMEAU (DE), 4, rue Mayet.

BOUILLAUD, 32, rue Saint-Dominique.

ROCHE, 19 *bis*, boulevard Bonne-Nouvelle.

GUÉRIN, 46, rue de Vaugirard.

ROGER, 15, boulevard de la Madeleine.

CHAUFFARD, 14, rue de Bellechasse.

HÉRARD, 24, rue Grange-Batelière.

SÉE, 8, rue Malesherbes.

BERNUTZ, 7 *bis*, rue des Saints-Pères.

WOILLEZ, 43, rue de la Chaussée-d'Antin.

HIRTZ, 74, rue de la Victoire.

VILLEMIN, 65, rue de Rennes.

Pathologie chirurgicale

CLOQUET, 19, boulevard Malesherbes.

RICORD, 6, rue de Tournon.

LARREY, 91, rue de Sille.

GOSSELIN, 3, rue des Pyramides.

DEMARQUAY, 52, rue Taitbout.

CHASSAIGNE, 91, boulevard Haussmann.

VERNEUIL, 11, boulevard du Palais.

DOLBEAU, 1, rue du Louvre.

TRÉLAT, 33, rue Jacob.

Thérapeutique et Histoire naturelle médicale

DESPORTES, 12, rue d'Alger.

JOLLY, 3, rue des Pyramides.

CHATIN, 129, rue de Rennes.

PIDOUX, 29, rue de l'Université.

GUBLER, 18, rue du Quatre-Septembre.

GUÉNEAU DE MUSSY, 4, rue Saint-Arnaud.

HARDY, 5, boulevard Malesherbes.

DAXAINE, 3, rue Laffitte.

MAROTTE, 34, rue de la Victoire.
MOUTARD-MARTIN, 5 rue de l'Échelle.
EMPIS, 16, rue Bertin-Poirée.

Médecine opératoire

HERVEZ DE CHEGOIN, 97, rue Neuve-des-Petits-Champs.
RICHET, 21 boulevard Haussmann.
BROCA, 1, rue des Saints-Pères.
LEGOUEST, 25, rue de l'Université.
GUÉRIN, 9, rue d'Astorg.
GIRALDÈS, 11, rue des Beaux-Arts.
VOILLEMIER, 20, rue Royale-Saint-Honoré.
PERRIN.

Anatomie pathologique

BARTH, 46, rue de Lille.
ROBIN, 19, rue Hautefeuille.
BÉHIER, 3, rue d'Anjou-Saint-Honoré.
BOURDON, 35, rue du Bac.
CHARCOT, 17, quai Malaquais.
LABOULBÈNE, 21, rue de Lille.

Accouchements

DEPAUL, 53, rue de Varennes.
JACQUEMIER, 40 *bis*, rue du Faubourg-Poissonnière.
DEVILLIERS, 23, rue du Faubourg-Poissonnière.
BLOT, 24, avenue de Messine.
BARTHEZ, 27, rue de la Ville-l'Évêque.
TARNIER, 15, rue Duphot.
HERVIEUX, 12, rue de la Victoire.

Hygiène publique, médecine légale et police médicale

CHEVALLIER, 188, rue du Faubourg-Saint-Denis.
DEVERGIE, 24, rue Richer.
TARDIEU, 364, rue Saint-Honoré.
VERNOIS, 91, rue Saint-Lazare.
LELUT, 15, rue Vanneau.
DELPECH, 26, rue Barbet-de-Jouy.
BERGERON, 75, rue Saint-Lazare.
FAUVEL, 31, avenue des Champs-Élysées.
ROUSSEL, 9, rue d'Isly.

Médecine vétérinaire

HUZARD, 5, rue de l'Éperon.
BOULEY, 50, boulevard Saint-Michel.
REYNAL, à l'École vétérinaire d'Alfort.
MAGNE, 14, rue des Lions-Saint-Paul.
COLIN, à l'École vétérinaire d'Alfort.
GOUBAUX, à l'École vétérinaire d'Alfort.

Physique et chimie médicales

CAVENTON, 29, rue de la Sourdière.
BUSSY, 3, place Saint-Michel.
DUMAS, 69, rue Saint-Dominique.
GAULTIER DE CLAUBRY, 77, rue du Cardinal-Lemoine.
WURTZ, 27, rue Saint-Guillaume.
GAVARRET, 73, rue de Grenelle-Saint-Germain.
BRIQUET, 4, rue de la Chaussée-d'Antin.
REGNAULD, 47, quai de la Tournelle.
BERTHELOT, 57, boulevard Saint-Michel.
GIRAUD-TEULON, 53, rue de Rome.

Pharmacie

BOUTRON, 11, rue d'Aumale.
BOUCHARDAT, 8, rue du Cloître-Notre-Dame.
BOUDET, 30, rue Jacob.
POGGIALE, 22, rue Soufflot.
GOBLEY, 34, rue de Grenelle-Saint-Germain.
MIALHE, 235, rue Saint-Honoré.
BUIGNET, 3, rue de Médicis.
CAVENTON, 51 *bis*, rue Sainte-Anne.
LEFORT, 87, rue Neuve-des-Petits-Champs.
PERSONNE, 1, rue Lacépède.

ASSOCIÉS LIBRES

CHEVREUL, au Jardin des Plantes.
CONNEAU, 192, rue de Rivoli.
MILNE-EDWARDS, 55, rue Cuvier.
LITTRÉ, 78, rue d'Assas.
PEISSE, 4, rue Mansart.
A. LATOUR, 11, rue Grange-Batelière.
PASTEUR, 45, rue d'Ulm.
LE ROY DE MÉRICOURT, médecin de la marine.
DECHAMBRE, 91, rue de Lille.

ASSOCIÉS NATIONAUX

GINTRAC, Bordeaux.
SÉDILLOT, à Strasbourg.

CAP, à Lyon.
BOUISSON, à Montpellier.
GIRARDIN, à Clermont-Ferrand.
STOLTZ, à Strasbourg.
FICHOL, à Toulouse.
EHRMANN, à Strasbourg.
CHAUFFARD père, à Avignon.
DE MARTINS, à Montpellier.

CORRESPONDANTS NATIONAUX

Anatomie, Pathologie médicale, etc.

DELAPORTE, à Vimoutiers (Orne).
HUBERT, à Laval (Mayenne).
LECLERC, à Tours (Indre-et-Loire).
LEPELLETIER, au Mans (Sarthe).
MARQUIS, à Tonnerre (Yonne).
PARADIS, à Auxerre (Yonne).
SÉDILLOT fils, à Dijon (Côte-d'Or).
HELLIS, à Rouen (Seine-Inférieure).
MONTFALCON, à Lyon (Rhône).
GOUPIL, à Nemours (Seine-et-Marne).
SAUCEROTTE, à Lunéville (Meurthe).
TOULMOUCHE, à Rennes (Ille-et-Vilaine).
RICORD, à Haïti.
ETOC-DEMAZY, au Mans (Sarthe).
HAIME, à Tours (Indre-et-Loire).
KUHNHOLTZ, à Montpellier (Hérault).
MALAPERT, à Rochefort (Charente-Inférieure).
PELLIEUX, à Beaugency (Loiret).

VANUCCI, à Bourges (Cher).

DUBOURG, à Marmande (Lot-et-Garonne).

CHARCELLAY-LAPLACE, à Tours (Indre-et-Loire).

DESEAUX, à Beruges (Rhône).

DURAND-FARDEL, à Châtillon-sur-Loing (Loiret).

GIRARD DE CAILLEUX, à Auxerre (Yonne).

ROLLET, à Bordeaux (Gironde).

RUFZ, à Saint-Pierre (Martinique).

STIÉVENART, à Valenciennes (Nord).

DE LAGARDE, à Confolens (Charente).

LEVICAIRE, à Toulon (Var).

TOULMOND, à Sedan (Ardennes).

E. LEUDET, à Rouen (Seine-Inférieure).

CAZENEUVE, à Lille (Nord).

FONSSAGRIVES, à Montpellier (Hérault).

CH. RONGET, à Montpellier (Hérault).

LECADRE, au Havre (Seine-Inférieure).

THOLOZAN, à Téhéran (Perse).

TOURDES, à Strasbourg.

SEUX, à Marseille (Bouches-du-Rhône).

DUPRÉ, à Montpellier (Hérault).

GUITRAL (H.), à Bordeaux (Gironde).

GUIPON, à Laon (Aisne).

Pathologie chirurgicale, etc.

VALET, à Orléans (Loiret).

CALEMART-LAFAYETTE, au Puy (Haute-Loire).

CHARPENTIER, à Valenciennes (Nord).

BOISSAT DE LAGRAVE, à Périgueux (Dordogne).

DÉCÈS, à Reims (Marne).

BONNAFONT, à Alger.

CAZENAVE (J.-S.), à Bordeaux (Gironde).

COLSON, à Noyon (Oise).

Roques d'Orbcastel, à Toulouse (Haute-Garonne).
Bonnet, à Poitiers (Vienne).
Fabre, à Puch (Lot-et-Garonne).
Payan, à Aix (Bouches-du-Rhône).
Putégnat, à Lunéville (Meurthe).
Debrou, à Orléans (Loiret).
Roux (Jules), à Toulon (Var).
Bertheraud, à Alger.
Sirus Pirondi, à Marseille (Bouches-du-Rhône).
Parisse, à Lille (Nord).
Ollier, à Lyon (Rhône).

Médecine vétérinaire

Chauveau, à Lyon.
Lafosse, à Toulouse.

Physique et chimie médicales et Pharmacie

Meyrac, à Dax (Landes).
Morin, à Rouen (Seine-Inférieure).
Boutigny, à Évreux (Eure).
Decourdemanche, à Carpiquet (Calvados).
Bosson, à Mantes (Seine-et-Oise).
Faire, à Marseille (Bouches-du-Rhône).
Blondlot, à Nancy (Meurthe).
E. Marchand, à Fécamp (Seine-Inférieure).
Malaguti, à Rennes (Ille-et-Vilaine).
Béchamp, à Montpellier (Hérault).
Baudremont, à Bordeaux (Gironde).
Planchon, à Montpellier (Hérault).
B. Roux, à Rochefort (Charente-Inférieure).

TABLE DES MATIÈRES

Avertissement.   5

Mémoire sur une nouvelle eau minérale sulfureuse découverte dans la vallée de Montmorenci, près Paris, en 1766, par le P. Cotte, prêtre de l'Oratoire. . . .   7

Analyse des eaux de la fontaine de Montmorenci, présentée, le 7 août 1771, par M. Le Veillard.   23

Rapport fait, en 1774, par MM. les Commissaires nommés par la Faculté de médecine pour l'examen des eaux d'Enghien, au-dessus de l'étang de Saint-Gratien . .   42

Extrait du rapport général de M. Guérard à l'Académie de médecine sur les eaux d'Enghien, en 1855. . . .   58

Extrait du rapport général de M. Pidoux à l'Académie de médecine, en 1863.   66

Extrait du rapport général de M. Mialhe à l'Académie, en 1872.   67

Extrait du *Nouveau Dictionnaire de médecine et chirurgie pratiques* sur les eaux d'Enghien, par le Dr Desnos.   69

Paris. — Typ. MOTTEROZ, 31, rue du Dragon.